福寿螺 田螺 养殖（第二版）

主　编　乔忠良

副主编　李雪梅　李晓东

编　者　高惠梅　张宝柱　王凤芝

科学技术文献出版社
SCIENTIFIC AND TECHNICAL DOCUMENTATION PRESS
·北京·

图书在版编目（CIP）数据

福寿螺田螺养殖 / 乔忠良主编. —2版. —北京：科学技术文献出版社，2015. 5（2022.7重印）

ISBN 978-7-5023-9601-5

Ⅰ. ①福…　Ⅱ. ①乔…　Ⅲ. ①福寿螺—淡水养殖　Ⅳ. ① S966.28

中国版本图书馆 CIP 数据核字（2014）第 271383 号

福寿螺　田螺养殖（第二版）

策划编辑：乔懿丹　责任编辑：李　洁　责任校对：赵　瑷　责任出版：张志平

出 版 者　科学技术文献出版社
地　　址　北京市复兴路15号　邮编 100038
编 务 部　（010）58882938，58882087（传真）
发 行 部　（010）58882868，58882874（传真）
邮 购 部　（010）58882873
官方网址　www.stdp.com.cn
发 行 者　科学技术文献出版社发行　全国各地新华书店经销
印 刷 者　北京虎彩文化传播有限公司
版　　次　2015 年 5 月第 2 版　2022 年 7 月第 2 次印刷
开　　本　850 × 1168　1/32
字　　数　128千
印　　张　6.5
书　　号　ISBN 978-7-5023-9601-5
定　　价　18.00元

前　言

福寿螺原产于南美洲亚马孙河流域，1981 年引入我国，因其食性广、适应性强、生长繁殖快、个体大、产量高、营养丰富等特点，非常适于大规模人工养殖。

田螺也是淡水中的一种较大螺类，对环境要求不严，湖泊、池塘、水田、沟港中都能生长发育，投资少，养殖技术简单。

螺类肉质丰腴细腻、鲜嫩可口，因其含有丰富的蛋白质、维生素和人体必需的氨基酸和多种微量元素，所以成为典型的高蛋白、低脂肪的天然保健水产食品。

螺肉还是天然的美容食品，富含蛋白质、脂肪、多种维生素、钙、铁等人体必需的元素，可滋阴补肾，明目清脑，增强肌肉弹性，细腻皮肤等。螺肉可作家常菜肴，也可加工成系列食品，烹制成多种药膳以防病治病。

目前，天然生长的螺类远远不能满足市场的需求，且螺类养殖生长快，产量高，市场前景广阔，现已成为重要的出口创汇产品。

为了满足各方面的需求,以及普及和推广螺类的养殖技术,本书系统地介绍了福寿螺、田螺的生物学特性、人工养殖及综合利用技术,适宜于各水产养殖单位、水产养殖专业户、技术人员、水产院校的教师和学生阅读,也可作为农业中学的培训教材。

在本书的编写过程中,因掌握的资料和编写水平有限,书中的错误和不当之处欢迎读者批评指正。

编 者

目　　录

上篇　福寿螺养殖

下篇　田螺养殖

上　篇

福寿螺养殖

第一章　福寿螺概述

福寿螺学名桶瓶螺(Pomacea canaliculata spix),又名苹果螺、瓶螺、南美螺、龙凤螺,属两栖淡水贝类软体生物,隶属于软体动物门腹足纲,是一种大型淡水食用螺,素有“巨型螺”之称,其特点是肉色金黄,爽脆鲜美,高蛋白,低热量,并含有维生素C和胡萝卜素,是一种优良的营养品,故有“福寿螺”之美誉。福寿螺也是最佳的动物性高蛋白动物饲料之一。

图1　福寿螺

福寿螺原产于南美洲亚马孙河流域,1981 年引入我国台湾省,养殖后,表现出明显优势,后又被我国广东省引进养殖。

福寿螺食性广、适应性强、生长繁殖快、个体大、产量高、肉质好,无致病菌,无致癌物质,可进行人工大量养殖。但是,由于福寿螺繁殖力强,而且以植物饵料为主食,对农作物影响较大,所以,在养殖过程中应注意防逃工作。

一、福寿螺的经济特性

福寿螺在河滨、池塘、沟渠、水田中均可养殖,具有繁殖能力强、生长速度快、产量高、易于饲养管理等优点。

1. 营养价值

福寿螺营养丰富,是一种优质的经济动物。

(1)福寿螺肉质鲜嫩,呈金黄色,淡白清甜,质脆味美,风味独特。

(2)福寿螺的肉含丰富的蛋白质、胡萝卜素、多种维生素和矿物质,是与河蟹、鳖、甲鱼等齐名的上等佳肴。

据测定:福寿螺的可食部分占全螺重的 46%～48%;其肉营养价值高,蛋白质含量约为 29.3%(福寿螺干粉的蛋白质含量为 60%,相当于进口鱼粉),还含有丰富的胡萝卜素、维生素 C 和多种矿物质,是一种优良的天然保健水产食品。

表1　每100克福寿螺肉的营养价值

食物能	83卡	糖类	6.6克	钠	40毫克
蛋白质	12.2克	碘	5毫克	维生素C	12毫克
脂肪	0.4克	磷	61毫克	核黄素	12毫克
烟酸	1.8克	钾	17毫克	灰分	3.2克

2. 药用价值

福寿螺肉也是高血压、冠心病患者的理想食品，并有预防佝偻病和成人软骨病等药理作用。

3. 优质的蛋白质饵料

福寿螺是一种高营养的动物蛋白饲料。

(1)福寿螺可作为肉食和杂食性动物的饲料。池塘中饲养的青、鲤、桂花、淡水白鲳等鱼类，都喜欢吃幼小的福寿螺。在池塘中有充足的螺类，会使这些鱼类生长速度明显加快。

(2)由于福寿螺肉含有较多的各种氨基酸和一定比例的粗蛋白，甲鱼也喜欢吃食，且对其生长发育有利。饲喂福寿螺的甲鱼不仅体表类似自然(河流、湖泊)生长的野生甲鱼，且口味好，营养价值高，销售价格比全价饲料喂养的甲鱼高。

(3)福寿螺还可作为家禽饲料。新鲜的福寿螺去掉壳，其肉重占全只重量的46%～48%。每100克福寿螺肉中，含蛋白质12.2克，脂肪0.4克，含量分别占29.3%、0.3%，粗蛋白含量远远超过蚯蚓、黄蚬、鲜蚕蛹等，也远高于鸡蛋13%的粗蛋白含量水平，是最佳的动物质性鱼粉的替代品。

由于福寿螺肉含有较丰富的赖氨酸和禽畜可消化的蛋白质，所以家禽(如鸡、鸭等)较喜欢吃食，尤其是下蛋的鸡、鸭多吃福寿螺肉，对提高产量、少产软壳蛋起到极其重要的作用，且能使蛋质更鲜美。

据测定，螺壳除含钙、磷外，还含有2.5%的粗蛋白及多种微量元素。福寿螺的鲜肉可直接供肉食性动物食用，晒干或烘干后磨成粉，按一定配比添加到饲料中，可替代进口鱼粉。

表2　福寿螺干粉营养成分含量(%)

干物质	88.7	粗灰分	13.6	蛋氨酸	1.15
粗蛋白	59.6	钙	3.12	胱氨酸	0.51
粗脂肪	8.9	磷	2.8	色氨酸	1.23
无氮浸出物	3.9	赖氨酸	4.35	组氨酸	1.43

4. 调节水质

福寿螺喜欢在清新洁净的池塘水中生活，除吃食青料外，还吃食池塘中的杂质、碎屑、有机质等，对肥水塘水质的调节有重要作用。浑浊的池水养殖福寿螺后，可变得清爽、肥度适宜、利于各种鱼类生长。

5. 经济价值

福寿螺生命力强，生长快，个体大，适应性强，繁殖力旺盛,能适应多种水域环境,可在水渠、坑塘、河塘、稻田等多处高密度养殖。

(1)福寿螺适应性强,能在浅水塘、小河流、水沟以及所有没有工业污染的中、小水域中养殖。

(2)福寿螺食性广,是以植物性饵料为主的杂食性螺类。主要的饲料有水花生、浮萍、水草、大叶蔬菜、藻类、瓜类、水果、玉米糠、米糠、麸皮及少量家畜禽粪肥等,尤其喜欢吃带甜味的食物,也食少量的死禽、死畜、死鱼、屠宰下脚料等。

(3)福寿螺的生长,受水温、食物和溶氧等因素的影响大。在自然水温条件下,5～8 月的 120 天内,主食水花生,个体重平均 25 克左右,平均每平方米水面可产鲜螺 5 000 克左右。据试验,用水花生饲养福寿螺,约 5 500 千克水花生叶可养出 1 000 克福寿螺。水花生是农田害草,属于消灭对象,目前正大量用化学药物杀灭,如用水花生饲养福寿螺,既可以消灭杂草,减少农药污染,又可以变害为利,为人类和动物提高新的高蛋白来源,增加经济效益。

由于福寿螺喜食各类绿色植物,尤其在饥饿时更是见绿就吃,因此,对水生农作物(如水稻、菱角等)在特定的环境下,可能有不同程度的危害。为此,在饲养时必须实行圈养或围养。

(4)福寿螺生长速度快、个体大、产量高,在较好的养殖环境下,放养幼螺,养殖 6 个月后其个体体重就可达 80 克,若养殖 1 年,其最大个体体重能达到 400～500 克,年亩产可达 5 000 千克。

(5)福寿螺繁殖能力强,幼螺经 4 个月的饲养即可成熟产卵,在水温适宜时,成熟的福寿螺每隔半个月就可产卵 1 次,每次产卵的数量,一般少的可产 100 粒左右,多的可产 1 200 粒以上,螺卵产出 1 周左右,便可孵出幼螺。

二、生活史

福寿螺一生要经过卵、幼螺、中螺、成螺 4 个时期(图 2)。成螺雌、雄异体,受精作用在体内进行,雌、雄交配后,1～5 天即开始产卵,以卵群形式产出,每一群有卵粒个数不等,一个雌螺可连续产卵群 20 个左右。卵在气温 18～22℃时,约 1 个月左右才能孵化,但在 28～30℃时,1 周左右即可孵化。在适温范围内,孵化所需时间与温度的高低呈负相关。产卵部位主要在离水面 10 ~ 20 厘米杂草丛、作物植株或沟渠石壁上。初孵幼螺脱落于水中即能浮游觅食、独立生活;成螺产卵次数多,产卵量大,每交配一次可连续产卵 10 多次。成螺喜栖于土壤肥沃、有水生植物生长的流水缓慢的河沟或水田等生态环境,白天多沉于水底和附在河边,或聚集在水生植物下面,夜晚寻食。

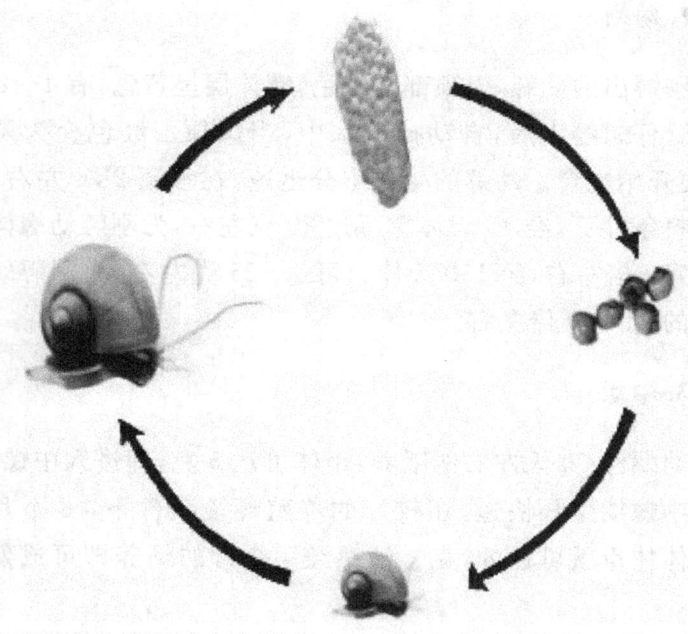

图 2 福寿螺生活史

1. 卵

(1)雌福寿螺夜里把卵产在水面上的任何植被、田埂和物体上(如小树枝、树桩、石头等)。

(2)初产卵块呈鲜艳的橙红色,在空气中渐成明亮的粉红色至红色,在快要孵化时变成浅粉红色。

(3)卵孵化期为 7～14 天。

2. 幼螺

刚孵出的幼螺,壳顶部呈红色,螺体层呈黄色,有 1～2 个螺层。仔螺孵出后,自动掉入水中,当螺顶由红色变为黑色时,便开始吃食。幼螺的生长十分迅速,在水温 28℃左右,优质饲料条件下,经 45 天体重可达 20 克左右,为刚孵幼螺体重的 4 750 倍左右,经 150 天体重可达 125 克左右,为刚孵幼螺体重的 31 250 倍左右。

3. 中螺

幼螺经 30 天左右的喂养,个体可达 5 克,即进入中螺期。

中螺期生长快速,在较好的养殖环境条件下, 6 个月后其个体体重就可达 80 克。幼螺经 4 个月的饲养即可成熟产卵。

4. 福寿螺成螺的特点

(1)福寿螺繁殖率高且能生存 2～6 年。在常年有水的植物丛中,雄虫一天能交配 3～4 小时。雌虫 1 个月能产 1 000～1 200 粒卵。

(2)螺壳呈棕色,肉呈金黄色。

(3)个体大小取决于食物的利用程度。

(4)福寿螺雌虫的囊盖是凹形,而雄虫的囊盖是凸形;雌成虫的螺壳向内弯,而雄虫的螺壳向外弯。

三、形态特征

福寿螺是一种软体动物，软体动物包括的种类极多，现在世界上已发现的就有十万余种；分布也很广，从寒带、温带到热带，从海洋、河川到平原、高山，几乎到处都有各式各样的软体动物。软体动物在外形上变化很大，结构也较为复杂，但与其他类群的区别却很明显。

福寿螺在分类学上隶属于软体动物门、腹足纲、中腹足目、福寿螺科。

腹足类因足位于身体的腹面而得名。它们通常有一个螺旋形的贝壳。头部比较发达，上面生有口、眼及 2 对触角。足为块状，肌肉极为发达，有宽广的面，适于在表面爬行。足的背后还具有 1 个由足腺分泌而成的厣，当身体缩入壳内后，可用厣完全关闭壳口。外套膜像个口袋，能够包括整个身体。神经系统也由脑、侧、脏、足 4 对神经及与其联结的神经组成，但结构比较复杂，有些种类神经中枢向头部集中。

福寿螺身体柔软，不分节而具有次生体腔，具有头部、足部、内脏囊、外套膜和贝壳 5 个主要部分（图 3）。

图3 福寿螺形态特征

1. 头部

福寿螺的头位于身体的前端,上面有口、触角和眼等摄食和感觉的器官。

头部与腹足能伸出壳外游动觅食。头部圆筒形,具有长、短各1对触角,眼点在其短触角上。口为吻状,位于吻的腹面,是福寿螺的摄食器官,可伸缩,口内有角质硬齿,用于咬碎食物。

2. 足部

足位于头的后面、身体的腹面,由强健的肌肉组织组成,足面宽而厚实,能在池壁和植物茎叶上爬行,是爬行、挖掘洞穴或游泳的器官。

3. 内脏囊

内脏囊在身体的背面,包括心脏、肾脏、胃、肠和消化腺等内部器官。

4. 外套膜

外套膜由内、外两层表皮和其间的结缔组织及少许肌肉组成，包被在体躯的背面或侧面，往往包裹着整个内脏及鳃、足等，像披在身上的外套，起着保护身体的作用。外套膜包围着的空腔，称为外套腔，腔内除鳃外，还是消化、排泄、生殖等器官的开口。

(1)福寿螺外套膜薄而透明，包裹整个内脏囊。外套腔的背上方有一个薄膜状的肺囊，能直接呼吸空气中的氧，具有辅助呼吸的功能。肺囊充气后能使螺体浮在水面上，遇到干扰就会排出气体迅速下沉。

(2)外套膜表面多密生纤毛，借其摆动，可激动水流在外套腔内流动，使鳃不断与新鲜水流接触，进行气体交换。

(3)脐孔大且深，螺口为卵圆形，覆有角质厣保护，厣为褐色角质薄片，具同心圆生长纹，厣核偏向螺轴一侧。

(4)雌雄异体，雄螺生殖孔开口于交接器顶端，雌螺生殖孔开口于外套腔。

5. 贝壳

外套膜的表皮细胞能分泌碳酸钙和有机质形成贝壳。贝壳是软体动物的保护器官，当其活动的时候，头和足伸出壳外，一旦遇到危险便缩入壳内(图 4)。

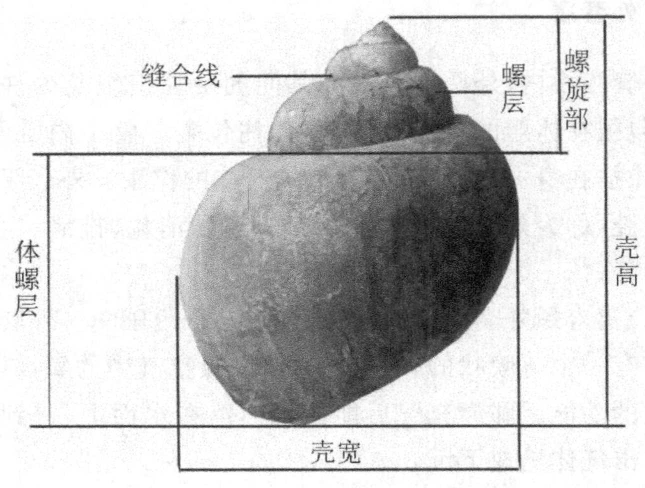

图 4　贝壳

贝壳常分为三层，最外一层为角质层，由壳质素构成，色黑褐而薄，由外套膜边缘分泌而成，并随身体的生长而逐渐增大。中间较厚的一层为棱柱层，占壳的大部分，所以又叫壳层，由石灰质的小角柱并列而成，由外套膜缘的背面分泌而成。最内一层叫珍珠层，由叶片状的霞石组成，又叫壳底，表面光滑，具有珍珠色彩，由整个外套膜表面分泌而成。

福寿螺贝壳一是螺层少。福寿螺螺层有 4～5 个螺层。二是螺体层发达，螺旋部退化。三是螺壳大而薄，易破，呈淡绿橄榄色至黄褐色，壳右旋，体螺层膨大，螺旋部不发达，第一螺层比田螺大而且扁，形似苹果，故得名苹果螺。壳面光滑，壳顶尖，螺旋部短圆锥形，体螺层占壳高的 5/6。缝合线深。

壳口阔且连续，高度占壳高的 2/3。胼胝部薄，蓝灰色。壳高 8 厘米以上，壳径 7 厘米以上，最大壳径可达 15 厘米。

小螺第一螺层背面中部有一大“气泡”，借以浮游和呼吸。幼螺体呈灰白色，小螺为金黄色。

四、生物学特性

1. 适应性强

福寿螺为水生螺类，水是其生活的主要环境。在饲养过程中，要保持水质清新，切忌饲水过肥，切忌接触硫酸铜及其制剂。受农药、石油类和有毒的工业污水污染后，会发生死亡。水质的 pH 宜保持在 6～8。若能经常更换部分新水或微流水，使溶氧量在 6 毫克/升以上，更有利于其生长，从而提高产量。

福寿螺喜生活在清新洁净的淡水中，常集群栖息在水域的边缘浅水处，或吸附在水生植物的根茎叶上。福寿螺若生活在较浅的水域中，则栖息在水的底层。

2. 食性杂

福寿螺为杂食性，食物的构成随着发育程度而变化。在天然环境下，刚孵出的小螺以吸收自身残留的卵黄维持生命，卵黄吸收完毕前，摄食器官初步发育完善，便转食大型浮游植物。在人工养殖环境下，食物的构成主要是以人工投饲为主，天然饵料为辅，幼螺食青草、麦麸等细小的饲料，成螺主食水生植物、动物尸体及人工投饲的商品饲料。苦草、水花生、浮萍、凤眼莲、青菜叶、瓜叶、瓜皮、果皮、死禽、死鱼、烂虾、花生麸、豆饼、米糠、玉米粉及少量的禽畜粪肥、腐殖质等都是可以用来喂养。福寿螺对受污染、有化学刺激性的以及茎、叶长有芒刺的植物等饲料有回避能力。投放浮萍等水浮性饲料的另外作用是有利于螺体附着,浮于水面活动。

福寿螺的食性虽广,但其对饲料有一定的选择性。在人工养殖的情况下,幼螺喜食小型浮萍,成螺喜食商品饲料,若长期投喂商品饲料后突然转投青料,便会出现短期绝食现象。在极度饥饿的情况下,大螺也会残食幼螺及螺卵。福寿螺夜间摄食旺盛,小食物吞食,大食物先用齿舌锉碎,尔后再吞入。

福寿螺的摄食强度,一是易受季节变化影响,水温较高的夏、秋季摄食旺盛,水温较低的冬、春季,摄食强度减弱,甚至停食休眠。二是易受水质条件影响,在水质清新的水体中,其摄食强度大,水质条件恶劣时,摄食强度小,甚至停食。

3. 生活场所

福寿螺基本生活于水中底层,但在产卵时或养殖密度太大,水中氧气与食料不足和气温高于水温时,也会爬出水面寻找舒适的环境和充足适口的饵料。

福寿螺喜栖于缓流河床及阴湿通气的沟渠、溪河及水田等新鲜清洁的水中,对水质的溶氧量非常敏感。

福寿螺虽然是水生种类,但可以在干旱季节埋藏在湿润的泥中度过 6～8 个月。一旦被灌溉,它们又能再次活跃起来。

4. 土质要求

福寿螺基本生活于有少量泥土的水中，泥土中的腐殖质是其食料之一，还可供其掘穴避开强光及过高、过低的温度。

5. 水面选择

福寿螺对水面要求不高，对水面主要要求水温合适、水质清新、无敌害。只要排、注水方便，经常保持水质清新，水深20～30厘米以上的稻田、鱼池、水凼、沟渠、低洼地等都可饲养。

6. 水温

福寿螺对环境温度的变化十分敏感，喜欢在温暖条件下生活，喜阴怕阳光直射。在水温较高的夏、秋两季，福寿螺摄食旺盛；在水温较低的冬、春两季，福寿螺摄食强度减弱，甚至停食而进入休眠状态。

成螺喜栖于土壤肥沃、有水生植物生长的流水缓慢的河沟或水田等环境，白天多沉于水底和附在池边，或聚集在水生植物下面，夜晚取食。温度对福寿螺的生长影响很大。在长江以南地区福寿螺可自然越冬，年发生两个世代。

适宜温度为25～32℃，此时福寿螺摄食量大，生长最迅速，卵块孵化也快。超过35℃生长速度明显下降，生存最高临界水温为45℃，低于18℃停止产卵，15℃以下不大活动，5℃以下沉入水底进入休眠状态，长时间3℃以下死亡。

7. 运动方式

福寿螺的运动方式有两种:

(1)靠发达的腹足紧紧地黏附在池底或附着物上爬行。

(2)吸气后漂浮在水面上,靠发达的腹足在水面作缓慢游动。

8. 喜阴怕阳光直射

福寿螺害怕强光,白天较少活动。每当黄昏以后,便在水面游动觅食。

9. 逃逸性

福寿螺具有逃逸的习性,可在进、出水口四周直铺塑料布,以防逃螺。还可以在池塘四周撒上石灰等碱性物质,形成碱性防逃带,防止逃螺现象的发生。

10. 防敌害

福寿螺感觉较灵敏,遇有敌害,便下沉水底,以避敌害。主要敌害有水蛇、水耗子、螃蟹、泥鳅、黄鳝、蚊蝇、蚁类等。饲养时,必须清除这些敌害。因此要铲除田边、池边杂草,人工捕杀鼠类、鳝类、水蛇等。还应注意不要将螺与肉食性鱼类混养,特别是幼螺期。

五、生殖习性

福寿螺为雌、雄异体，雌螺往往大于雄螺。

(1)雄性福寿螺的生殖器官由精巢、输精管和阴茎组成。精巢位于外套腔的左侧，交配器官包裹在右触手内，其生殖孔开口在右触手的顶端。

(2)雌性福寿螺的生殖器官由卵巢、输卵管和子宫组成。

(3)福寿螺群体中，雌螺往往多于雄螺。

(4)在生殖季节，由于雄螺频繁地与雌螺交配，因而雄螺的寿命一般只有 2～3 龄，而雌螺的寿命可达 4～5 龄。

(5)在良好的饲养条件下，雄螺长到 70 天左右，雌螺长到 100 天左右达到性成熟，即开始交配。每年 3～11 月为福寿螺的繁殖季节，其中 6～8 月是繁殖盛期，适宜水温为 18～30℃。

(6)交配通常是白天在水中进行，时间长达 3～5 小时，一次受精可多次产卵，交配后 3～5 天开始在夜间产卵。

(7)雌福寿螺不在水中产卵，产卵时雌螺爬到离水面 15 厘米以上的池边干燥处、附着物以及水生植物的茎叶上产下卵块，并粘附其上。

(8)福寿螺卵圆形，卵径 2 毫米左右，卵粒相互粘连成块状，每次产卵一块，每块含卵粒 100～600 粒，产卵历时 20～80 分钟，初产卵块呈鲜艳的橙红色，在空气中卵渐成粉红色(图 5)。

图 5　产在岩石上的卵

(9)产卵结束后,雌螺腹足收回,掉入水中。间隔 10～15 天后,进行第二次产卵。一年可产卵 20～40 次,产卵量 8 000～10 000 粒。孵化率可高达 90%。其繁殖速度比亚洲稻田中近缘物种快 10 倍左右。

(10)在相对湿度 70%左右,28～30℃条件下,卵经过 10～15 天便可孵出仔螺。刚破膜的仔螺就能爬行,跌落入水后群集在池边浅水处,或爬到离水面 2～3 厘米处的潮湿地、水生植物上,以逐渐适应水中生活。

六、生长特性

福寿螺的生长发育速度与环境条件、饲料投喂、不同的生长阶段及性别有关。

(1)若水温较高、水质较好、饵料充足且质量好,福寿螺的生长速度就快,反之,其生长速度就慢。

(2)在大水面中养殖的福寿螺比在小水面中养殖的福寿螺的生长速度要快,在室外小水面中养殖的福寿螺比在室内小水面中养殖的福寿螺的生长速度要快。

(3)幼螺阶段,相对生长快,当长到100克左右时,生产速度又相对减慢。在较好的养殖环境条件下,刚孵出的幼螺经1个月的养殖,一般可长到25克左右;经2个月的养殖,可长到40克左右;经3个月的养殖,可长到50～80克;经6个月的养殖,可长到100克左右;经1年的养殖,最大个体可达500克。

(4)雌性福寿螺的生长速度稍快于雄性福寿螺。

七、与田螺的区别

福寿螺在外形上类似田螺,但又与田螺有许多区别。

(1)福寿螺的螺层只有4～5层,而田螺则有6～7层。

(2)福寿螺的螺体层发达,螺旋部位退化,其螺体层的高度约占螺全高的89%,而螺旋部较小,整个形状似苹果。田螺的螺体层约占螺全高的68%,其螺旋部较大。

(3)福寿螺的螺壳大而薄,壳体呈棕色,半透明。而田螺的壳所占比例较大,贝质坚厚,呈圆锥形,壳黄褐色或深褐色,不透明。

(4)福寿螺具有长、短2对触角,眼点在短触角上。

(5)福寿螺具有原始的肺,是辅助呼吸器官,而田螺是用鳃呼吸的。

(6)福寿螺为卵生,雌螺将卵产在离水面一定高度的物体上,卵留在附着物上孵化。而田螺是卵胎生(在体内发育成仔螺后产出)。

(7)福寿螺螺肉营养丰富,可食部分占体重的46%~48%,与田螺相比,福寿螺更符合我国人民的消费习惯。

第二章　福寿螺的人工养殖

福寿螺的人工养殖，就是尽量使其生活在与野生环境相似的环境中，促其快速生长，以获取最大的经济效益。

在天然水域中，成熟的雌、雄福寿螺交配后，雌螺便沿着挺水植物的茎爬到离水面 15 厘米以上的地方产卵，卵粘附在植物的茎上自然孵化，经历 10～15 天后，幼螺便破壳而出，掉到水中开始它一生的生活。

福寿螺在 8℃以上时即可生长，25～32℃时生长与繁殖能力特强。出壳后的幼螺，养殖 3～4 个月就可产卵繁殖。一只雌螺可连续产卵 2 年。

产卵期间，可向水中投入高出水面的、直径为 3 厘米左右的树枝，或移入水生植物，供雌螺产卵。

卵粒排列重叠成块状，卵块形似草莓状。初产卵块为鲜红色，渐变为粉红色，4～5 天渐变为褐色。

卵块 10～15 天孵出幼螺。30℃以上时孵化较快，孵化率也高。因此除夏季可在室外自然孵化外，其余季节可取回卵块，在温室内孵化。

在适宜的温度下，从幼螺至性成熟或商品螺出售，为 3～

4个月，经历幼螺、小螺、中螺、成螺4个阶段，以中螺阶段生长最快。

福寿螺喜阴湿、怕光线，适宜生长在水沟、浅水低洼地、鱼塘、农田、水渠和人工建造的水泥池里，一般水深50～100厘米为宜。也可在湖泊、水库、河流等处用网箱高密度养殖。家庭小批量饲养可用水缸、水槽等。

如在稻田饲养福寿螺，水体的埂、坝要高出水面30厘米以上，以防螺产卵时爬出和邻近鱼塘杂食性鱼类混入吃掉幼螺。在其注、排水口要装上聚乙烯网或竹箔等拦网设备，以防排水时外爬。在离农户较近的螺池，必须在四周设置竹篱笆等拦阻设施，以防畜禽侵入。

利用旧池塘养殖福寿螺之前，必须把水排干，彻底清除杂食性鱼类，如黑鱼、鲤鱼、罗非鱼、鲫鱼及其他野杂鱼。另外，饲养福寿螺的水质一定要清新。

福寿螺的养殖方式多样，在幼螺阶段可以用小池、缸盆饲养，成螺阶段可在水泥池、缸等小水体中饲养，也可在池塘、沟渠和稻田中饲养。通常在池塘中饲养亩产可达5吨左右，产值十分可观。

一、场地选择

在室内可筑水泥池或利用缸、桶、盆等容器养殖。室外养殖应选择水源丰富、避风、无污染、易于排灌和没有水鼠、水禽、黄鳝等敌害的浅塘、沟渠、洼地、堑坑等零星水面。

1. 养殖池选择

(1)家庭亦可利用缸、桶、盆等容器饲养。由于投饲和福寿螺的排泄物多,要求 1～3 天换水 1 次,这是缸、桶、盆养殖成败的关键。

(2)福寿螺对农药、化肥较为敏感,因此,养殖福寿螺的场所应选择在能避开农药、化肥使用量大的地方。

(3)养殖福寿螺的场所,要求水源条件好,最好能有微流水注入。其土质以腐殖质土壤为好,也可用鸡粪、猪粪、牛粪改良,或投入稻草,使其腐败而改良土质。含硫黄或铁质较多的土质不适合养殖福寿螺,因为含铁量过高的水,放养种苗后死亡率很高,能成活的螺壳上也附着红锈,甚至螺肉也呈红棕色。硫磺水质同样使成螺具有硫黄臭味,不堪食用。

(4)池塘、沟渠、堑坑等须先排干水,用石灰清除一切敌害,然后灌水 7 天,干涸 1 天,再灌入清水并放螺。较大的池塘宜用塑料薄膜分隔为若干小区,以便投饲和采收。进、出水口均设纱网防逃,并注意清除附近的水鼠、水禽、黄鳝等敌害。

(5)利用菜地养殖的,可隔畦挖深 70～80 厘米的螺坑,保持水深 40～50 厘米,并疏通排灌渠,引用长流水。

2. 养殖水体

由于福寿螺喜欢清新的水质,因此在福寿螺的池塘养殖中,应定期注入新水,以保证其正常生长。还要经常观察池水的变化,有必要的话,要采取换水或增氧的方法来改良水质,但换水时温差不应超过 3℃。

水质的好坏主要反映在溶氧、酸碱度、盐度和水中污染量等几个方面。

(1)溶氧量:福寿螺对水中溶氧量较敏感,水中溶氧量越高,生长得越好;当溶氧量低于3.5毫克/升时,就停止摄食;当溶氧量降至1.5毫克/升时即死亡。

如果利用泉水或井水养殖福寿螺,需要采取一些增氧措施:将泉水或井水先抽上贮水塔,再由高处冲下而吸收空气中的氧气后灌入养殖池中。还可挖掘注水水沟,使注水经过较长的流程而充分地暴露在阳光和风吹之下,以增加水与空气的接触从而增加水中的溶氧量。

在产卵、养殖密度过大、水中缺氧及食物不足等情况下,福寿螺就会爬出水面。

(2)酸碱度:pH为7时最好,适应范围在6～9,过酸过碱都会造福寿螺的死亡。

(3)盐度:福寿螺是淡水动物,在海水中不能生存。水中含盐量超过3‰时,福寿螺就会死亡。当水中含盐量低于1‰时,福寿螺才能正常生活。

(4)水污染:福寿螺对农药、石油类和有毒性的工业污水、过碱的水(如石灰水)都很敏感,对没有经过氧化去氯的自来水也极为敏感,尤其是幼螺。

若生活环境的水质清新,福寿螺的活动能力强;当水质开始恶化时,大螺就浮出水面,基本停止活动,小螺则因其对环境变化的适应能力差,很快就会死亡。

二、养殖方式

一般的养鱼塘都可以进行福寿螺养殖，福寿螺可以单养，也可以进行鱼、螺混养。

1. 庭院养殖模式

庭院养殖占地少，用工少，投资小，见效快，养殖 4～5 个月即可上市销售，也是农村一项实用的致富项目。

当幼螺长至 1～3 克大小时称为小螺，此时要进行分疏。分疏后，每平方米 2 000～3 000 只，仍养殖在池、缸、盆、钵中，水深保持 20～30 厘米。水面以上留 10 厘米的高度，以防小螺爬逃。

饵料以绿菜叶、绿萍为主，搭配少量精料，一般每平方米投喂菜叶 500 克左右，精料 50～100 克，以后随螺体长大而增加，每天换水 1 次。小螺经 30 日左右饲养，个体重可达 5 克以上，此时需再次分疏而进入水泥池、河沟、水田中养殖。

2. 水泥池养殖模式

在水泥池中养殖，单位面积产量高，好管理。如果水泥池较多的话，还可以实行分级饲养。水泥池精养的放种密度可依据种苗的大小和计划产量而定。此种养殖方式适用于农家庭院。

(1)水泥池条件：水泥育苗池面积 5～10 平方米，圆形或长方形，池深 0.6 米，水深 50～60 厘米，进、排水系统完善。

水面放些水葫芦。若是新建的水泥池(沟),则应先用水浸泡 10 天左右进行脱碱处理,洗擦多次方能使用。

①水浸法:将池内注满水,浸泡 1～2 周,其间每 2 天换 1 次新水。

②过磷酸钙法:将池内注满水,按每 1 000 千克水溶入 1 千克过磷酸钙,浸 1～2 天。

③醋酸法:用 10%的醋酸(食醋也可)洗刷水泥池表面,然后注满水浸几天。

④酸性磷酸钠法:将池内注满水,每 1 000 千克水中溶入 20 克酸性磷酸钠,浸泡 2 天。

水泥池经脱碱处理后,使用前必须用水洗净。脱碱后的水泥池是否适于饲养,要进行试养,确无不良反应后即可正式投入使用。

(2)放养:如果水泥池较多的话,还可以实行分级饲养。第一级饲养 1 个月,把幼螺养至体重 25 克左右;第二级再饲养 1 个月,把 25 克重的幼螺培育至 50 克左右;第三级饲养时间可长可短,把 50 克重的中螺培育成 100 克以上的大螺。水泥池精养的放种密度可依据种苗的大小和计划产量而定。

一般来说,每 1 平方米以放养 1000 克幼螺为宜,最终收获密度(即计划产量)应控制在每平方米 10 千克以下。

①每个水泥池长 5 米,宽 2 米,深 0.6 米,在管理中水质变化较易控,排灌方便。水泥池底铺 20 厘米厚的掺有一定沙的塘泥。水面上栽种水葫芦等水生植物,面积占水面的 30%～35%,以供螺体栖息、避暑和防寒,同时也为福寿螺提供天然饲料。

②在成螺水面中多插一些竹木条、树枝，为雌螺提供产卵场所。

③放螺前，须先用药物除去吃食幼螺的野杂鱼等敌害。进、排水口要拦挡密眼网，以防止螺随水漂走。

(3)换水：幼螺放养时，螺池水深以 30～50 厘米为宜，7～10 天后开始逐步加深，高温季节水深保持 50 厘米左右。饲养期间根据水色和透明度等情况，及时加注新水，使池水始终保持溶氧量充足和水质良好。

螺池水色以淡棕色、黄绿色为好。早期水质稍浓，透明度 25 厘米左右，5～7 月透明度保持 30～40 厘米，8～9 月秋繁时透明度维持在 40 厘米以上。

福寿螺食量大，排泄物多，易污染水质。换水次数从春季的 2 周 1 次上升到夏天每 5～7 天 1 次，每次换池水的 1/3，不可将鱼塘中的老水注入螺塘。高温季节的凌晨及傍晚尽可能冲水。清晨巡塘时，如发现福寿螺的吃食量下降，螺群浮上水面，说明水中缺氧，必须马上注入新水增氧。此外，还要严防农药、石油和石灰等物品污染池水。

3. 土池养殖模式

福寿螺在土池中养殖，成本低、单产高、管理方便。土池养殖也可以采取分级饲养的方式，具体分级的多少，应因地制宜。若只有一个土池，就不必分级了。

土池要求长 3～5 米，宽 2 米，深 0.6 米，排灌方便。

土池的放种密度应适当少于水泥池精养的放种密度，最终收获密度（即计划产量）应控制在每平方米 3.5 千克以下。

小土池精养的福寿螺的生长速度比水泥池精养方式稍快，换水次数可少于水泥池精养方式，水质管理容易。

4. 池塘养殖模式

池塘在农村、城郊分布广泛，凡村前、屋后、田边、路侧、渠道两旁的浅小水体都可用来养福寿螺。用它养螺的优点是容量小，耗水少，水源容易解决；干塘容易，清整方便，易养、易捕、无须专用工具和设备；能与农、牧业有机结合，饵、肥、劳力都易解决；生产灵活多样，养成螺、育苗、育种皆宜。

培育福寿螺的池塘面积不宜过大，水也不宜过深。养殖池要沟通水源，以渠道或涵管引水，池形整齐，长方形、正方形均可。利用地形铺设简易排水管；整平池底并向排水一侧倾斜；池壁四周要捶打结实或敷上三合土，防止渗漏。一些养鱼产量低的浅水池塘，改养福寿螺是最理想的选择。

(1)池塘选择：池底由进水口向出水口处倾斜，坡度1∶3，保证有足够的富氧区，便于福寿螺摄食和活动。池底淤泥层要薄，厚度不宜超过 20 厘米。进、排水口、坡面防逃、防敌害设施严密，一般采用双层密眼尼龙网护栏。

(2)池塘清整：福寿螺的天敌，如水蛇、黄鳝和一些肉食性鱼类，可用人工捕捉清除。在冬季或早春时，将池水排干，经冷冻、曝晒，促进池底有机质分解，提高螺池的肥力。将池四周铲平，形成缓坡，将池埂夯实，保证不渗漏。螺苗放养前 15 天，用生石灰均匀撒施于塘底，每亩用量 50 千克。清塘后 7～10 天，再灌水放螺。

(3)池塘消毒：每年 3 月底 4 月初，排干池水，清除过多淤泥，填好漏洞和裂缝，再用药物消毒。

(4)种植水草：清塘消毒 7 天后进水 20 厘米，最好是自然渗入池中的水。如需加水，用 60～80 目尼龙筛绢严格过滤注水。进水后，在池底种植虾藻（菹草）、轮叶黑藻或聚草，每平方米水面种 3～5 棵。水草应冲洗干净后种植。栽种时，将水草的根插入螺池淤泥中，然后加水至 50 厘米深，并在水面放养一些漂浮植物，如水葫芦、小浮萍等，覆盖面积不宜超过池塘面积的 1/3。

(5)密度：池塘培育福寿螺的密度可大可小，一般每亩放 5 万～10 万只幼螺，一次放种，多次收获，捕大留小，同时让其在池塘中自然繁殖，自然补种。每亩水面每天均匀撒投植物性饲料 100～150 千克，精料 10～15 千克。

(6)放水：一般情况下，河塘水含氧丰富，可不必换水；如养殖密度高，螺大部分在水面活动，则须马上换水。螺一般喜欢附在水边活动，因此在塘中应打一些竹桩、木桩，或放养水葫芦、水花生等水生植物。

(7)池塘养殖，放养 1～3 克的幼螺，经 3～4 个月左右的养殖后可达 50～80 克，最大的可达 110 克；一般产量 2 500～5 000 千克/亩，最高产量可达 7 500 千克/亩。

5. 沟渠养殖模式

可利用闲散杂地挖沟养螺，也可利用瓜地及菜园的浇水沟养螺。养殖福寿螺的水沟以宽 1 米、深 0.5 米左右为好。新开挖用于养螺的水沟要搞好排灌设施，使水能排能灌。

沟渠平面模式开好后，用栅栏把沟分成沟段，以方便管理,埂面上可种瓜、菜、果、草、豆等。沟渠养螺的优点是投资少,产量高、基水互利互促,其放养密度可每亩放螺 1 万～2 万只。

6. 零星水面

荒废浅塘、浅水坑、沟渠、低洼地等零星水面,只要稍加改造,水深保持 40～50 厘米即可。

7. 网箱养殖模式(图 6)

图 6 网箱养殖模式

网箱养福寿螺是在暂养基础上逐步发展起来的一种科学养螺的方法。它是利用网片装配成一定形状的箱体,设置在较大的水体中,通过网眼进行网箱内外水体交换,使网箱内形成一个适宜螺类生活的活水环境。利用网箱可以进行高密度培养螺种或精养商品螺。

网箱养福寿螺具有机动、灵活、简便、高产、水域适应性广、易管理、易收获等特点,在我国淡水养殖业中有广阔的发展前途。

(1)网箱养殖优点

①网箱养螺可充分利用江、河、湖泊、水库等天然水体及其饵料发展养螺。既可培育螺种,也可养殖成螺。尤其是在缺乏池塘的地区,可以利用大水面设置网箱就地培育螺种,就地养殖成螺,对提高养螺成活率和产量具有积极的作用。

②网箱养螺可以进行高密度精养,单位面积产量可高出池塘养殖几十倍、成百倍。网箱养螺实际上是利用大水面优越的自然条件,综合小水体密放精养措施实现高产的。在养殖的过程中,网箱内、外水体不断地进行交换,带走网箱内螺体排泄物及投喂饵料的残渣,带来了氧气,使网箱内保持较高的溶解氧,因而网箱内在螺群高密度的情况下,也不会出现缺氧及水质恶化。

③螺饲养在网箱内,又避免了敌害生物的危害,并能及时发现螺病,保证有较高的存活率和绝好的回捕率。

网箱养螺周期短、成活率高、收效快、效益好,是一种很有发展前途的养殖方式,也是开发利用大水面资源的重要途径。

(2)网箱养螺的关键

①选择具有一定水流的地点设置网箱。

②选择适宜的网箱结构和装置方式,包括网箱形状、大小、排列方式和箱距等。

③因水制宜确定放养螺类规格、密度和混养比例等,以便充分发挥水体的生产潜力。

④切实做好投饵、防逃、防病、防敌害等饲养管理工作,特别要保持网箱壁的清洁,防止网眼堵塞,影响水的交换。

(3)养殖水域的选择:养螺网箱设置的水域要求环境安静,水质清爽,阳光充足,微有缓流,pH 6～7,底质平坦,污泥较少,水深 2 米以上。溶氧最好在 3.5 毫克/升以上,硝酸盐和亚硝酸盐的含量分别不高于 20×10^{-6} 和 0.1×10^{-6}。一般库湾、湖汊、河道、外荡或面积较大的水域都可设置养螺网箱。

(4)网箱构成:由箱体、框架、浮子、沉子及固定设施等构成。

网箱的结构形式很多,实际选用时要以不逃螺、经久耐用、省工省料,便于水体交换、管理方便等为原则。

①箱体:由网片按一定尺寸缝合拼接而成。目前应用最普遍的是聚乙烯网片,它具有强度高、耐腐、耐低温、价格便宜等优点。

②框架:是悬挂箱体用的支架,常用楠竹、木材、钢管、塑料管等材料构成。把箱体固定在框架上,可保持箱体张开、成形。

③浮子:是使网箱浮于水上用的装置。常用泡沫塑料和硬质吹塑制成的浮子,或用玻璃球、铁桶系在框架上作浮子。竹、木制成框架在支撑箱体的同时,也起着浮子的作用。

④沉子:是使网箱箱底沉于水中的装置。一般选用瓷质沉子,也可用石块、水泥块等。有条件的可用直径 2～2.5 厘米的钢管,既可撑开底网,又可当沉子用。

此外,还要用铁锚固定网箱的位置,或用水泥桩、竹桩支撑固定网箱。

(5)网箱的形状:有长方形、正方形、圆柱形、八角形等。目前生产上以长方形为多,其次是正方形,因其操作方便、过水面积大,制作方便。材料为 20 目聚乙烯无节单层网片。网箱的面积可大可小,但网箱的深度一般以 50 厘米为宜。放养密度可比水泥池养殖的放养密度稍大一些。

(6)网箱的大小:最小的网箱面积 1 平方米左右,通常 1～15 平方米的网箱属小型网箱,网箱面积在 15～60 平方米的为中型网箱,大型网箱面积在 60～100 平方米,更大的有 500～600 平方米。一般来说,网箱的面积不宜过大,过大操作不便,抗风力差,但过小的网箱产量虽高,但造价也高。目前大多使用 10～30 平方米大小的网箱,即 7 米×4 米,5 米×3 米,3 米×3 米,3 米×4 米等规格。

(7)网箱高度:网箱的高度依据水体的深度及浮游生物的垂直分布来决定。目前多用高 1.0～1.5 米的网箱。水体深亦可用高 1.5～2 米的网箱。但网箱底与水底的距离最少要在0.5米以上,以便底部废物排出网箱。

(8)网目大小:箱体网目的大小,应根据养殖对象来决定,以尽量节省材料、又达到网箱水体最高交换率为原则。网目过小,不仅使网箱成本增加,而且影响水流交换更新;网目过大,又出现逃螺现象。通常放养 10 克以上用网目 1.1 厘米的网箱;放养25克以上用网目2.5～3厘米的网箱;养成螺的网箱,用3～5厘米网目的网箱。为了使水体交换通畅,减少网箱冲刷次数,最好随螺种的长大,转换较大网目的网箱。

(9)网箱选址

①水面宽阔,水位稳定,背风向阳,水温高,水深为100～150厘米的天然水域中,环境安静,水质清新,无污染,酸碱值为中性偏碱的水域为好。

②选择自流水的水体。水流速度一般最好是0.05～0.2米/秒,以保证氧气的供应。

(10)小网箱的安装:一般为固定敞口式网箱,由桩和横杆联结成框架,网箱悬挂在框架上,上纲不装浮子,网箱的上下四角联结在桩的上下铁环或滑轮上,便于调节网箱升降和洗箱、捕螺等。网身露出水面30厘米,网身水下70～120厘米。通常箱体不能随水位升降而升降,此法只适用于水位变动小的浅水湖泊和平原型水库。优点是成本低,操作方便,易于管理,抗风力强。缺点是不能迁移,难于在深水区设置,而且网箱内螺群栖息环境随水位变化而经常变动,如不注意及时调节会影响饲养效果。

①网箱安放成箱口向上,一字型排列,并横向朝着水流方向,让水慢慢地渗入箱内。箱与箱间距1米,每排网箱间的距离应大于5米。

②浮子用直径10厘米楠竹制作的框架固定在网箱上。用直径8毫米钢筋撑开网箱底部,将网箱下网四边捆扎固定。

③所有扎结应牢固,不得松脱。

④组装好的网箱在螺种入箱前应仔细检查,发现破网、开

缝，应立即进行修补。网箱有30厘米露出水面作防逃网，箱内放2～3平方米水草。

(11)放养：幼螺下箱前4～5天，网箱下水浸泡，待箱衣上附着泥浆或藻类后开始放螺。幼螺要过秤、计数，带水操作。同一网箱中放养的幼螺规格应一致，一次放足。下箱时间一般选在阴天，或晴天的早晨、傍晚。

(12)饵料投放：网箱中缺乏天然饵料，福寿螺的饵料全靠人工补给。饲料投喂后，应仔细观察福寿螺的吃食情况，根据天气情况决定增减投饵量。

①投饲与饲养管理：投饲主要是根据螺类个体大小、水温、天气、水质状况和螺类生长情况来决定。

②螺种进箱后，每隔30天，随机对全部小网箱中的1～4箱进行抽样称重，每箱抽样称重的只数保证在30只以上，以便得到平均每箱的纯重量，确定下一阶段的投饵率和投饵量。

③要求每天投饵2次，早上8时投喂，日投饵量的1/3，傍晚5时后投喂日投喂量的2/3。

④在盛夏及立秋之后，当天气闷热、气压低、水温达到32℃左右，或者是水质突然变化、天气连续两天阴天、气温突然下降等情况出现时，要大幅度削减日投饵量。

⑤经过一次打样后，计算出投饵量，当养到15天以后，日投饵量增加10％，直到第二次打样重新计算新的日投饵量为止。

⑥若有条件，最好每日上午8点和下午2点各测量1次水温和透明度，同时测量水中的溶氧量，水中溶氧量不能低于3.5毫克/升。

⑦每日在投饵时,同时检查小网箱有无破损、逃螺和投饵管堵塞等现象的发生,发现问题应立刻处理。

(13)日常管理:网箱养殖福寿螺的日常管理工作应围绕防逃、防敌害工作而进行。

①应有专人负责经常巡视,观察螺的吃食及活动情况,应结合清箱经常检查网箱是否破损,要注意观察是否有水老鼠咬破的洞,如有破损应立即修复。

②在汛期要加强防范措施,保证网箱安全。

③由于大风造成的网箱变形或移位,要及时整理,保证网箱内的有效空间和网箱间的合理距离。水位下降时,要及时移位。

④敞开式网箱要预防鸟害,要定期检查螺体,了解螺类生长情况,分析存在问题,及时采取相应措施。

⑤网箱下水后,3～5天后就会附着大量污秽,以后被一些藻类或其他生物所附着称为青泥苔。严重时堵塞网眼,影响网箱内外水体交换。水质越肥,附着物越多;网目越小,着生程度越严重。一般在1米水层内最多,若不及时清洗容易造成箱内水质恶化、缺氧、缺饵,影响螺类生长,所以,清洗网箱是饲养管理中的重要措施之一。清洗网箱的方法常用人工清洗,每隔5天左右将网衣提起,用扫把、树枝、毛刷等洗刷和拍打。

⑥防沉箱逃螺、防人为破坏、防大风翻箱、防农药污染。

(14)及时捕捞:春季放的幼螺,养殖1个月后,就可以选捕。到7月中旬全部起箱出水。秋季放养的幼螺,养殖2个月后开始捕捞,捕大留小,到11月中旬起捕完毕。

8. 稻田养殖模式

稻田养殖，幼螺生长速度快，除草、肥田效果好，种养矛盾小，投入少、效益高。福寿螺适应水域广，在稻田养殖不需要特殊设施，田间水的管理可以因稻制宜，不受制约，因而可以保证稻谷产量。福寿螺在潮湿无水状态下，10～20 天没有死亡现象，稻田复水后又恢复活动。在水稻搁田期，螺能自行钻入土中或被迫休眠，停止活动。

在稻田内，把田整理成宽 2～3 米的长条形畦坑，水深一般保持在 30～60 厘米，中间每隔 30 厘米左右，放些竹片、木棍，以供螺吸附。放养密度以幼螺全部浮出水面时略有空隙为宜。经过 3 个月的养殖，可按不同的规格选捕上市。

(1)优点

①幼螺生长速度快：稻田水质清新，阳光适度，生态条件优越，对幼螺生长发育极为有利。于水稻分蘖末期、长穗中期放养的平均个体 2～3 克重的幼螺，10 天后平均个体重达 12 克；30 天时平均个体重可达 22 克。

②除草、肥田效果好：稻田中除稗草、三棱草外，其他杂草均可作为福寿螺的饵料。

据调查，每亩放养 2 000～3 000 只幼螺，放养 20 天，稻田杂草量比对照田下降 60.4%；30 天后杂草清除率达 95%以上。养螺后的稻田不用人工或化学除草，有利节约成本，减少投入。螺粪含氮量 0.48%，接近猪粪的含氮水平。由于福寿螺摄食量大、排泄物多，使稻田土壤有机质含量提高 5%～10%。

③种养矛盾小,投入少、效益高:由于稻田杂草、藻类、腐殖质多,天然饵料资源丰富,一般稻田每亩放养 3 000 只左右幼螺,不需要人工投饵,可产商品螺 35～50 千克。

(2)稻田的选择:选择好适宜的稻田,并做好稻田的养殖工程设施,是稻田养殖福寿螺能否成功的关键。

凡是水源充足、排灌方便、保水力较强、天旱不干、暴雨不淹、洪水不冲的稻田,田埂要夯实且加高到 0.5 米以上,耕作时不要使用农机操作,不宜犁耙,但必须根除杂草。

①平原地区,水源条件一般都比较好,排灌系统也比较完善,抗洪抗旱能力也较强,所以大多数的稻田都能用来养殖福寿螺。

②丘陵和山区从事稻田养殖福寿螺的农户,必须选择那些既有水源保证,又不会受山洪和暴雨影响的稻田,才能做到有养有收。养殖福寿螺的稻田,最好还能考虑交通便利的因素,以方便螺种的投放和商品螺的上市,以及饲料运输等,便于饲养管理。选择养殖福寿螺的稻田,还应考虑其土质情况。

(3)技术要点

①水稻移栽时留下空道,移栽后 1 周内开挖沟道,沟宽 20～27 厘米、深 23～27 厘米。

②适时放养,控制规格及密度:在水稻分蘖至长穗期,即 6 月下旬(水稻栽插 15 天后)到 8 月上旬,及时放养,一般 1 亩稻田放 2～4 克重的幼螺 2 000～3 000 只,天然饵料丰富的可适当多放,反之,则适当少放。若稻田养萍,放养密度可增加到 8 000～10 000 只。萍为螺用,螺粪肥田,可产生良好的生态经济效果。

③因地制宜,适当投饵:一般稻田养螺后 25 天左右自然饵料量下降,对一些饵料明显不足的田块,可在丰产沟内投以陆地青草、菜叶、瓜皮等,投入量以满足螺食为度。

④切实防逃,及时收获:稻田放螺后在进、出水口设置栅栏或孔目较小的聚乙烯纱网;四周田埂严防鼠、蛇钻洞漏水,以免福寿螺逃走。螺重达 25 克时(放养后 30 天左右)即可选捕。捕捞前排干田表水引螺入沟,捕大留小。可 1 次投放,多次捕捞。

⑤科学施肥,合理防病治虫:螺田水稻施肥,采取栽前 1 次基施,适当辅以追肥。稻田防病治虫选择低毒、高效农药,如杀虫脒、杀虫双、井冈霉素等,兑水喷洒,不宜拌土撒施。

(4)饲养田的修建:福寿螺套养、稻后放养均要求有进、排水渠,饲养田能保持 20 厘米以上的水位。饲养方式的不同,饲养田的修建也不相同。

①稻螺套养:水稻以宽窄行的形式栽种,即在正常栽稻行上加宽 10 厘米为宽行,宽窄行间隔。福寿螺饲养在宽行中。可利用稻田自身生长的青萍或投入部分饲料,不会影响水稻产量。

②稻后放养:稻后放养即在水稻收割后进行,一般在 8 月中旬至 9 月底,可充分利用稻田的这段空闲时间,此时的水浮莲、水花生、青草等生长正旺。具体做法是在 7 月份时,在每块稻田中先用 20 平方米培育幼螺,待稻子收割后散放田中。

用上述方法饲养都要注意,在排、注水口要用尼龙网等物拦住,以防螺随水散失。

(5)螺苗放养:福寿螺在水温达到 20℃以上时,种螺开始产卵孵化。孵化最适温度 25～32℃,长江流域地区一般 4 月份开始。

①生产上孵化的幼螺一般要集中培育,当个体达到 10 克左右再分批投放。一般在投放螺苗前 15 天用生石灰按 20～30 千克/亩全田抛撒消毒,切忌过多。

②投放螺苗,单养每亩投放 10 万～12 万个,稻螺套养每亩投放 6 万～8 万个,稻后放养每亩投放 2～4 克的幼螺 4 万～6 万个。若种螺数量大,也可以将取下的卵块直接在养殖田块或池里孵化。具体方法是选择气温相对稳定的 6 月份,在养殖田块或池里架设简易孵化台,用 1 厘米×1 厘米孔目的竹制或金属的孵化筛进行直接孵化培育。孵化台周围清除敌害,投入少量细绿萍。放入卵块的数量为每亩放 50 万～60 万卵粒,若是稻螺套养、稻后放养则投放 40 万～50 万卵粒。

③福寿螺除草:抛植后,马上把稻田里的水排干,只保持田土湿润,这种状态持续两周。如果这段时间下雨,要及时把雨水排干。如遇烈日,水分蒸发快,则要在田土快要开裂时,灌跑马水一次(灌完水马上排掉)。在这两个星期内,由于没有水,福寿螺被迫停止活动,大大减少对秧苗构成的威胁。杂草也在这段时间里长出来。

2 周过后,往稻田里放水,水深控制在 3 厘米以下。有了水,福寿螺从土里钻出来,这样做,是有意识地让福寿螺吃杂草。水淹状态维持一个星期左右(这要看福寿螺的多寡而定,快的 4～5 天就可以了),福寿螺就会把杂草吃光。对于稗草和草秆较硬的杂草,通过人工辅助除掉。

杂草快要被福寿螺吃光的时候,抓紧时间排水,水被完全排干后，福寿螺又会躲进土里。这一次排水，一定要看准时机，要是延误了，水稻刚分蘖出来的芽就会被福寿螺吃掉。

再次控水 8～10 天，杂草又长出来了。再次放水，以后一直保持有水状态（因为这时候，稻秧已经长得够高够壮，对水稻而言，福寿螺已经构不成威胁了，福寿螺会把杂草和无效分蘖都吃掉），直到抽穗扬花，才进入灌、排水管理。

(6)稻作与养殖矛盾的解决

①妥善解决浅灌、晒田、薅秧与养殖的矛盾：稻田自插秧后一般都要前期水浅，中、后期适当加深。由于浅灌是在前期，而前期放养在稻田中的福寿螺苗种又较小，对它们的影响不大。随着稻禾的生长，稻田中的水需逐步加深，福寿螺也随之长大。因此，浅灌与养殖并无多大矛盾。

晒田，一般是在稻田插秧后 1 个月左右进行，有时要求将田晒得表层轻微裂开，人进入田间而脚不陷泥。这样对养殖是有一定影响的。但只要田中的螺沟按技术要求开挖得当，福寿螺在晒田期间就有了栖息生活的场所，稻作与养螺的矛盾就缓解了。

养殖稻田的薅秧除草，可根据具体情况决定。若只放养了福寿螺的稻田应进行薅秧除草工作，应注意在薅秧时不要把水放得太浅，因为水浅了容易使田水混浊而把福寿螺呛死。

②妥善解决施肥与养殖的矛盾：养殖稻田的施肥要做到"重施基肥，巧施追肥；重施农家肥，巧施化肥"。

基肥的施用量应占总用肥量的 70%。基肥应该是以农家肥（如人畜粪、绿肥、塘泥、垃圾）为主。农家肥一般用作基肥，也可以作追肥。而化肥以作基肥为宜，特别是对福寿螺杀伤力大的氨水,只宜作基肥。如用碳酸铵作底肥,应在施肥后 6～7 天才放养苗种。如果基肥的施用量较大,苗种放养前应进行试水,待半天后,如果苗种活动正常方可成批投放。如果使用化肥作追肥时,则应掌握少量多次的原则。尿素每亩用 5 千克遍撒。

③妥善解决用药与福寿螺生存的矛盾:要解决用药与福寿螺生存的矛盾,就应掌握两个技术关键。

一是在稻作中使用的农药品种繁多,且有向高毒高效农药发展的趋势。但养殖稻田施用农药原则上宜选用高效低毒的农药,一般不使用对福寿螺有特殊毒性的药物,如益舒宝、米乐尔、五氯酚钠、毒杀芬、波尔多液、鱼藤精等。治虫宜选用杀虫脒、杀螟松、亚铵硫磷、敌百虫等。治病宜选用多菌灵、敌枯双、叶枯净、稻瘟净、叶蝉散、克瘟散、退菌特等高效低毒农药。还有一些生物农药如井冈霉素、一四〇等,对福寿螺基本不会发生药害。

施药前适当加深田水或用药时应保持有微流水,以降低稻田水中的药物浓度。使用水剂药物时应选择晴天稻叶露水已干时喷洒,喷药时尽量将药液喷在稻叶上,以打湿稻叶为度,不要喷施过量而滴入水中。使用粉剂药物时,宜选早晨喷施在稻叶表面而少落入水中。这样既可提高防治病虫效果,又能减轻药物对福寿螺的危害。可采用分片用药的办法,即一块田分 2 天施药,第一天施半块田,第二天施另半块田,这样也可减少药物的危害。

(7)饲养管理

1)饲料投喂:一般饲料每天投喂 2 次,早、晚各 1 次,也可每日1次,宜在傍晚和下午投放。大瓶螺喜欢集体生活,常成群结队地在池塘的岸边,并且其运动不如鱼类,因而投喂饲料要均匀,要靠近岸边投,不要只投在田、塘的几个地方,造成饥饱不一致,生长不整齐。若要投喂麦麸、糠等精料,投喂时则要先粗后精,且精料撒在粗料的上面。

2)投喂量:占螺体总重的10%,一般以吃完为止。每天的投喂量与头一天的投喂量比较,若头一天投喂的饲料已吃得精光,当天投量应比头一天多一些,反之有剩余,可投少一些。应随时检查投喂饲料中有哪些适口,应多投螺喜欢食的饲料,有利于螺的生长。

3)日常管理

①坚持每天清晨和傍晚沿稻田田埂巡查一圈,仔细观察福寿螺的活动、摄食及水质变化等情况,以此决定当天和第二天的投饲等工作。注意协调好邻近农田的用药安全,确保福寿螺养殖顺利进行。

②检查进、排水口是否有漏洞等,特别注意在大雨过后检查防逃设施,若发现损坏,应及时修复。

③及时清除敌害、污物,如蛙、蛇、水老鼠等,丝状藻类过多时,可用草木灰杀灭。

④福寿螺不耐缺氧,应根据天气、水色、季节和福寿螺的活动情况进行预测,如有可能出现缺氧现象,应及时采取换水等增氧措施。

⑤适时捕捞:当福寿螺长到供应规模时,就应捕捞。稻螺共生类型中,在稻谷将熟或收割水稻后,待田间杂草被食光时就可放水捕螺。单季稻或双季稻田周年养螺时,可在来年插

秧前收获螺。在田凼式和流水坑沟式稻田中养螺,也有进行轮捕轮放的作法,捕大留小,适当补放螺种,可提高产量。

稻田养殖福寿螺,技术简便,是稻田综合利用、增加效益的有效途径。近年来台湾、日本等地相继报道福寿螺对作物的危害性,值得注意。

9. 螺、鸭、芜萍养殖模式

可采取"芜萍(浮萍、牧草、菜叶等)→福寿螺→鸭→芜萍"模式,该模式的特点是它们之间相互转化,由此形成良性生态循环,可充分利用农村土地资源和劳动力资源,广辟饲料来源,降低生产成本,增加收入,减少养殖风险。

(1)育好芜萍:芜萍又名瓢莎,是一种漂浮于水面上的椭圆形或卵圆形绿色粒状体,各地池塘或稻田均可见,是螺类的优质饲料。

①培育池的选择:可利用现有的池塘或利用稻田改造,分成5～8个小池。先把池水排干,每亩用生石灰50～75千克清塘消毒。清塘后一个星期施基肥,以畜禽粪为主,施肥量为250～350千克/亩,同时将池水加至0.5米深。

②芜萍的移植:施基肥后10天可移植芜萍,每亩投放100千克左右。芜萍的生长与水温的关系密切,水温23～32℃,生长最快,低于15℃或高于35℃,生长较慢。在低温时可覆盖薄膜增温。夏天,每天在芜萍层上泼水2次降温或灌入地下水降温,同时也可搭荫棚或遮阳网。

③芜萍的收取:取用芜萍时,每天早晨或傍晚用草绳将芜萍集拢,用捞网收取,以长满塘面为准,每次捞取的数量不能

超过60%。如果生长正常，每亩平均每天可产200千克左右。每次捞取后，都需要追肥，每亩每次施发酵的鸭粪或人粪尿80～100千克，施尿素2千克，冲稀后全池泼洒。

(2)养好福寿螺：福寿螺营养丰富，鲜体含蛋白质19.4%，是鸭、黄鳝、甲鱼、乌龟、河蟹、对虾等的优质活饵料。

①饲养池的准备：可用稻田改造，能保水0.5米，水源充足，进排方便，分成15～20个面积相等的小池，2～3个用作种螺池，其余作为成螺饲养池（每个池每隔15～20天捞螺1次，因此要分成若干个小池），在放螺前7～10天，选晴天用生石灰50～75千克/亩消毒。

②种螺放养：种螺要求100克左右，公母比例为1∶1，每平方米放养3～5对。种螺池中必须插入枝杈或树枝，作为种螺附着、交配、产卵的场所。种螺的饲料除芜萍外，还可适当投放其他野草、牧草、菜叶、米糠等，可于早上或傍晚投喂。

③幼螺的孵化：种螺一般在夜间产卵于水中枝杈上，受精卵红褐色，集结成条块状卵块。翌日将其小心铲起，放于室内集中孵化。孵化可在大塑料盆中进行，用塑料盆装2/3的水，水上浮2～3块木板，将卵放于木板上即可，孵出的幼螺将自行爬入塑料盆水中。幼螺再分批投入成螺饲养池。

④成螺的饲养：成螺饲养池中，大、中、小螺混养，数量比例为1∶1∶1，以充分利用水体空间，发挥最大的生产能力。每平方米放养密度为200～300只，水质要求清新，溶氧充足，每3～5天换水1次，每次换水量为池水总量的1/4～1/3。当螺长至30克以上时，即可捞取，捕大螺、留中小螺，隔15～20天，又可捞取，每次捞取后，补充幼螺。

(3)蛋鸭管理关键

①蛋鸭的饲养:饲料以福寿螺为主,占80%左右,最多可占85%,必须补充15%~20%的能量饲料和适当的多种维生素。能量饲料以碎玉米为最佳,将螺碾碎掺入碎玉米、多种维生素粉中充分拌匀,每天投喂5次,白天4次,晚上1次。每日每只蛋鸭需福寿螺150克左右,玉米40克左右。

②蛋鸭的管理:由于福寿螺是很多寄生虫的中间宿主,因此要特别注意定期驱虫。一般每隔15天,在饲料中均匀拌入磺胺二甲嘧啶或磺胺塞唑或左旋咪左片等药物,连喂2~3天,可有效地预防寄生虫。蛋鸭应以圈养形式为佳;鸭舍内晚上应补充光照,每10平方米安装40瓦灯泡一个;同时在鸭群内留2%的公鸭,可有效地提高产蛋率。

10. 泥鳅、螺、鳖、稻养殖模式

泥鳅、福寿螺繁殖力强,搭配放入养鳖稻田内养殖,能繁育大量幼体供鳖采食;它们均为杂食性动物,以采食植物腐败茎叶、浮游生物等为主,与鳖在食物竞争上无大的冲突;放养福寿螺还具有净化水质的作用。在稻田混养泥鳅、福寿螺和鳖,具有较好的生态和经济效益,也是稻田养殖的好形式。

(1)建好基础设施:加固田埂,建防逃墙,开鳖沟,进排水口设防逃网,鳖沟内放养浮萍、藻类、水花生等,水质要求肥、活、嫩、爽,pH 7左右。

(2)选用良种:鳖种要求规格整齐,体质健壮;螺、鳅种最好到沟、渠、塘等天然水体中采集。留作种用的福寿螺,要求个大、外形圆,肉多壳薄,壳色灰黑,螺纹少;泥鳅,要求体色深黄，健壮，规格整齐；水稻品种要求抗倒伏、抗病虫、产量高。

(3)早放养：单季稻田栽秧后即放养鳅、螺；冬闲田先放养鳅、螺，后栽秧。还可采取双季放养：第一季在5月上旬放养；第二季在8月中旬放养，同时放养鳅、螺。上半年放养体长5～7厘米的隔年鳅种，下半年放养3厘米的当年鳅种，每亩放1～2.5尾，同时每亩放养田螺600～700只，每亩放养尾重100～200克的幼鳖100只。鳖、鳅、螺种在放养前用5%食盐水浸洗消毒。

(4)饲养管理

①培肥水质：养殖螺、鳅，重在培肥水质。水稻移栽前每亩施250～500千克腐烂植物作基肥，以后根据水质，每隔30～40天追肥1次，水透明度控制在15～20厘米，水色以黄绿色为好。

②适当投喂饲料：饲料由鱼粉、豆饼、米糠、面粉、血粉、酵母粉等组成，鳖、鳅、螺均可采食。

③饲料混匀后加水捏成团投喂，日投喂量为鳖、鳅、螺体重的5%，并根据水质、天气、摄食情况等适当调节。在7～9月份生长旺季，日投喂量增加至10%。采用本养殖方式，稻田内活饵丰富，一般不需要给鳖增喂动物性饲料。

④坚持“全面预防，积极治疗，防重于治”的原则，加强饲养管理，定期对水体消毒，减少病害发生；采取病虫害生态防治措施，尽量避免施用农药，坚持早巡田，发现问题及时解决。

无论采取哪种养殖方式，若能雌雄螺分开饲养，均能加快其生长速度。

11. 鱼、螺混养模式

选择个体均匀、规格一致、色泽光洁、无损伤、健康的种螺与鲢、鳙等草食性鱼类。

一般单养福寿螺，规格在 3～5 克/只，每平方米放螺 50～100 只。鱼、螺混养可视放养鲢、鳙鱼密度决定放螺的密度。

在合适的密度范围内，放螺数量对产量的影响不大，但对成螺出塘规格有决定性的影响，放养量越大，成螺出塘规格越小，反之，成螺出塘规格越大。

三、种螺的饲养管理

1. 养殖场地的选择

福寿螺的养殖场所应选择在水源良好、排灌方便、阳光充足、环境安静的地方，其面积可根据生产规模的大小来确定。

繁殖场所一般需设产卵池(沟)、孵化池(沟)和育苗池(沟)，面积大小要适中，以便于操作，方便管理。

种螺培育池(兼作产卵池)可为土池、水泥池、沟渠等。为了操作、管理方便，池子的面积不宜过大，池(沟)的长度可以不限，但宽度以 100 厘米左右为好。池(沟)的水位宜浅不宜深，一般以 30～50 厘米最为合适。若池(沟)的底部为水泥，需垫一层浮泥，厚度 3 厘米左右。

在种螺放养前，应先排去池(沟)中的旧水，进行清洁处理，然后注入新水，移植一些浮萍等水生植物，并在池（沟）中插一些高出水面 30～50 厘米的竹片、树枝作为成螺附着交配和产卵的场所。

2. 繁殖场所的消毒

放养种螺前，要对繁殖场所进行消毒处理。小土池、池塘、水沟和稻田等场所，每亩用 70～100 千克生石灰清塘，以杀灭野杂鱼、虾、蝌蚪等。待药效消失后（一般 7 天后）即可试水放入种螺。

3. 改良养殖环境

福寿螺有喜阴怕光的特点，故在养殖场所内应移植一些浮萍等水生植物供福寿螺避暑。水泥池、小土池和池塘中水生植物的密度不超过水面的 1/3，最好用竹竿拦成行；水沟中的水生植物，可分段移植，每段移植一些，用竹竿拦好，其面积不超过总水面的 50％为宜。

4. 种螺的选择

种螺宜选择 4 月龄以上，其个体重一般要求在 30～50 克以上。因为个体大、螺壳完整无损（外壳被碰破的种螺很容易死亡）的种螺为好，能够保证产卵、孵苗的数量和质量。

选择时还应注意雌、雄螺的配比，一般以（4～5）∶1 为宜。

雌（图 7）、雄（图 8）种螺的鉴别：雌、雄螺外观差异不大，幼螺阶段难以鉴别，成螺最明显的区别是：

图 7　雌螺外形

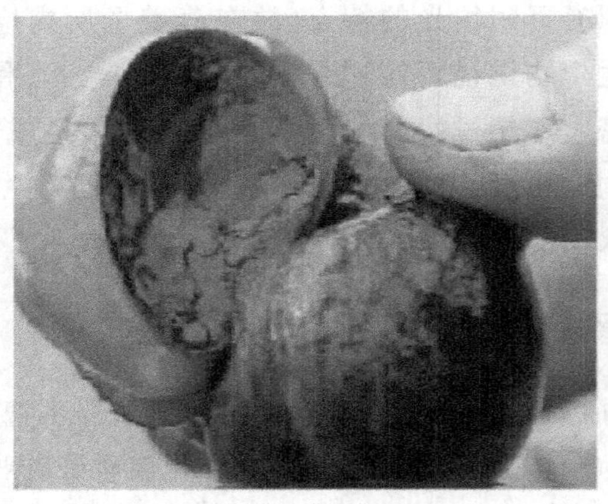

图 8　雄螺外形

①相同饲养条件下,同龄螺中一般雌体比雄体大。

②同龄的雌螺身扁,整个厣向内凹陷,螺口呈直形生长。雄螺壳口呈喇叭形,厣的中部向外凸起,呈扁桃形。

③3～4 厘米的螺体，螺壳呈透明状态时，雄螺第一螺层中部右侧，有一淡红色点为精巢，雌螺没有。

④福寿螺的雌雄，也可以从外观上来进行判别：当福寿螺的头足伸出爬行时，雄螺的右触角向右弯曲，这一弯曲的部分就是生殖器，交配时伸入雌螺的子宫内分泌精子；而雌螺的触角则没有这种弯曲。

5. 种螺的运输

种螺选好后，要小心地运至繁殖的场所。

运输种螺的方法是：使用通风透气的竹箩装运，装种螺前先在箩底垫一层水浮莲，然后放一层种螺，再放一层水浮莲放一层种螺，依此装法，层层相叠，以减少种螺之间的碰撞机会。若需长途运输，应在途中定时洒水，以保持螺体湿润。

6. 放养种螺

选择健康、活跃、螺壳无破损、体重在 30～50 克、规格一致、色泽光洁、当年长成的螺种进行放养。

一般单养福寿螺，规格在 3～5 克/只，每平方米放螺50～100 只，雌、雄螺放养比例为(4～5)∶1。

7. 饲喂管理

种螺放养在产卵池内，即开始使用精饲料、青饲料进行强化培育。

(1)池内水深宜在 30～50 厘米。在培育期间，要保持清洁的水质，促使其早产、多产，一般每隔 2～3 天加注新水 1

次,或有洁净的水缓慢流入更好。

(2)种螺除投给一定的青饲料,如浮萍、苦草、轮叶黑藻及陆生嫩草和青菜等,也要投喂米糠、麸皮、豆饼、酒糟、豆腐渣等精饲料。最好能掺喂一些干酵母粉和贝壳粉,以增加种螺的营养,提高种螺的产卵量和孵化率。

(3)一般先投喂青饲料,然后将精饲料撒于青饲料上。饲料日投喂总量占池中螺总体重的10%~12%,青饲料投喂量占总投喂量的80%,精饲料占20%左右。

(4)饲料投喂也要像养鱼一样遵循"三定(定时、定量、定质)"和"四看(看季节、看天气、看螺的活动情况、看螺的摄食情况)"的原则。在饲养期间,一般每天投喂2次。

(5)由于福寿螺厌强光,白天活动较少,夜晚多在水面摄食,因此,投喂时间应为早上5~6点和傍晚17~18点为宜,傍晚投饲量占全天的2/3,早上投饲量占1/3。7~9月份是福寿螺的摄食旺季,投饲量应占生长期内投饲量的60%。

8. 交配、产卵

种螺培育也可在螺苗经45天的饲养,能分辨出雌雄时进行,培育方法同上,饲养3~4个月后,达性成熟,便可自行交配繁殖。

(1)交配:福寿螺与田螺不同,雌雄交配后产卵。孵化后雄螺长到70天左右,雌螺100天左右,性腺已成熟,即开始交配。水温低于18℃时,交配就停止。

(2)产卵:福寿螺是卵生动物,类似蜗牛。一般福寿螺在交配后3~5天开始产卵。

由于种螺产卵要有附着物，因此种螺池四周留些杂草或在池中插上小竹片、小木条，一般每平方米插 2～3 片。在选用水泥池时，水面上要留有 20 厘米左右池壁供种螺爬附产卵。福寿螺一般在离开水面 15 厘米以上的干燥处夜间产卵(图 9)。

图 9　产卵后的福寿螺

种螺一般在夜间、黄昏或阴天进行繁殖活动，从交配、受精到受精卵排出一般需 15～20 天时间。

福寿螺一次受精可产卵几次到近 10 次。一般水温在 18℃时，每月产 1 次卵；30℃时，7～10 天就可产 1 次卵。6、7、8 月为产卵盛期，此时期产卵间隔期短，产的卵块大。

(3)卵块(图 10)的收集：每年 3～11 月，种螺交配后 3～5 天，雌螺晚上爬离水面，在植物的茎叶、池(沟)壁或竹竿上产卵，产卵持续时间为 40～80 分钟，卵块呈红褐色条块状。雌螺产卵后，便缩回腹足，自动掉入水中。

图 10　卵块

为了提高孵化出苗率，种螺产卵后应进行收集，放入其他池中孵化。收集卵块的时间不宜过早和过晚，过早卵块太软，不易剥离；过晚胶状物凝固，会损坏卵粒。一般在产后的第 2 天，10～20 小时，胶状黏液尚未完全干时，便可以轻轻地将卵块收集起来。

9. 孵化

孵化的方式一般有两种，即自然孵化和人工孵化。孵化时，若空气湿度为 80%～90%，温度为 25～30℃，7～14 天就能孵化出幼福寿螺。

(1)自然孵化：卵块收集后，根据卵块数量选用孵化盆等容器，在容器内盛水 10～15 厘米，并放入少量的浮萍。在高出水面 10 厘米左右处，放置铁丝网或竹制网架，网目 6 厘米，把卵块放置在卵架上即可孵化。上面盖上稻草、塑料薄膜等遮盖物，以防阳光照射和雨淋。放置卵块时应注意，只能平放一层，不要堆在一起。每天收集的卵块要分开放置。

幼螺的孵出时间随气温高低而变，当气温高时，孵出的时间短；当气温低时，孵出的时间就长。孵化的适宜温度为28～30℃，孵化期7～14天。温度低于18℃，则不能孵化。高于30℃，孵化期缩短，孵化率降低。恒温有利于孵化。孵化期间可采用孵化箱、暖房或热水孵化，以便控制水温，但要及时更换新水。

福寿螺的幼虫在卵壳中发育，无幼虫期，直接发育为幼体，孵化出的幼螺已成福寿螺的样子。在卵壳中发育完善的幼螺靠顶力把壳顶碎，在湿度适宜时，出壳的幼螺开始爬行，自行跌入水中。

(2)人工孵化：用一只水缸放10厘米深的水，在水面上放一个5毫米网孔的窗纱盘，把受精卵块放在盘内，保持28℃水温，经12天即可孵出幼螺。

(3)孵化管理：孵化时，孵化架、盘要消毒，禁忌农药、化肥、油漆、松木、辣味及强酸、强碱等刺激性气味。温度保持在25～32℃，孵化过程中要及时丢弃掉霉变、坏死的卵粒。

10. 防逃避害

池塘养殖福寿螺种螺，除塘埂要高出水面30～40厘米用以防逃外，还须在四周直铺塑料布。在进、出水口建好拦螺设施，以防螺逃。

池塘养殖福寿螺一般没有疾病发生，但在集约化养殖中，由于养殖密度较高,也要做好防病工作。除在放螺前池塘用生石灰彻底清塘消毒外,还要在生长期内,每月使用消毒剂消毒1次,起到灭菌的目的。

另外,由于福寿螺经常浮到水面活动觅食,因而易受鼠害,可用人工捕捉与药物灭鼠相结合的方法进行预防。

11. 越冬技术

福寿螺的最佳生长温度为24～30℃,20℃以下摄食量降低,在水温12℃以下,活动能力明显下降,水温8℃以下就停止活动,进入冬眠状态,3℃以下易被冻死,因此当水温降到10℃左右时,就应做好越冬准备。做好越冬工作是保种的关键。

冬季在北方需要进行保种越冬,安全越冬应保持水温在3℃以上,最好保持在8～12℃,这样既节约能源,又保持较高的成活率。

福寿螺越冬的方法很多,有塑料大棚越冬、温室越冬、温泉越冬、井水越冬等。越冬期内,要经常测量水温,并根据水质状况适时加注井水。水温在8℃以上时,每3天要投喂一次精饲料,投喂量视螺吃食情况而定。越冬其间也要加强防逃措施。

(1)室内越冬:将缸等容器放入暖和的房间中让螺越冬,但缸底需放33厘米左右厚的泥土,放水30～50厘米深。利用温室也能让螺越冬,温室温度最好保持在10℃以上。

(2)室外越冬:可利用防空洞、沼气池、大口井等,进行塑料薄膜覆盖保温。在越冬期间,要求水温保持在10℃以上,并注意换水和投放少量饲料。如天气严寒,可在塑料薄膜上再盖上稻草，以使水温不低于 10℃。晴天阳光充足时，放浅池水，以利提温，晚上加深水位 50 厘米以上，以利保温。

①池塘越冬：池塘越冬即选择背风向阳，面积 0.1～0.2 亩的小池塘，池深 1 米，池底留 10～15 厘米淤泥层，池面搭塑料膜棚，两端留门，定期开门通风。

②泉水井越冬：冬季地下泉水一般在 15℃以上，有泉水的地方，可挖成井，四周装竹箔围栏，既可防螺逃，又挡风寒。

③温泉越冬：在有热源地下水的地方，可以控制水温在 20～25℃，这样能使福寿螺在冬季也能正常生长繁殖。

(3)干法越冬：福寿螺在全干燥 环境中，紧闭厣甲，可以安全度过 208 天，成活率达 91%。干法越冬简便易行，安全可靠。

当水温降到 12℃左右时，将螺捞起用净水冲洗干净，放在室内晾干。在晾干过程中螺即排放粪便，紧密封闭厣甲，不遇水不再出来活动。3～5 天后剔除破壳螺和死螺，然后装入纸箱。为了给螺创造一个干燥环境和防止挤压外壳，在装箱时应放一层螺，垫一层纸屑或刨花。然后将纸箱捆好，放在通风干燥处(6～15℃)。越冬过程中不可受冻害，如果结冰，螺将被冻死。待来年水温上升到 15℃以上时，把螺放回水中，螺即开始活动和觅食。

(4)湿法越冬：在室内空闲地方，用板或砖石墙隔成一个个方格，每格长 2 米，宽 1 米，深 25 厘米，在格内铺上无毒聚乙烯薄膜，做成一个个小水池，灌入 20 厘米深的水，每池均具有独立的排、进水系统。水温保持在 6℃以上。然后每池放 1.5～2.5 克螺种 3 000～5 000 个，或种螺 300～500 个(种螺池深 50 厘米，水深 30 厘米)，便可安全越冬。

越冬期间,若水温多在 15 ℃以上,要适当投喂饲料。若水温经常在 20 ℃以上,种螺会产卵,要做好孵化工作。投饵过程中,应加强水质管理,防止因水质恶化而死螺。

(5)越冬管理

①越冬期间,在水温达 10 ℃以上的晴朗天气,应投喂适量的以莴苣、白菜饵料为主的饲料,通常 1 周投喂 1 次,每次每亩水面或每 70 平方米网箱投喂商品饵料 1～2 千克。饵料要求少而精,确保种(幼)螺安全越冬。越冬后期,水温逐渐升高,应逐渐增加投饵量,亲螺应进入强化培育期。

②越冬过程中,要保持水质清新,溶氧充足,若发现水质异常,应及时加注新水或换水。严冬季节,室外越冬要防止池塘封冻。一旦结冰封池,应及时敲碎或钻洞。

③坚持定期巡塘、巡箱,检查种(幼)螺越冬情况,并做好防污染、防敌害等工作。

四、幼螺的饲养管理

仔螺孵出后,自动掉入水中,当螺顶由红色变为黑色时,便开始吃食,进入幼螺阶段。

幼螺掉入水中后,便开始生长。当孵化池(沟)里的幼螺数量较多时,便可以把幼螺收集起来,转放到育苗池(沟)中培育。若孵出的幼螺较多,可 3～5 天收集 1 次。也可以把孵化床转移到另外的水池(沟)中继续孵化,原孵化池(沟)便成了育苗池(沟)。如少量养殖,也可用洗脸盆、钵、桶、小网箱等小型容器培育幼螺。

1. 培育场所的消毒

若将幼螺移到其他的池中培养，就要对培育场所进行消毒处理。小土池、池塘、水沟和稻田等场所，每平方米用生石灰 75 克消毒，以杀灭野杂鱼、虾、蝌蚪等。待药效消失后，即可放入幼螺。旧水泥池只需打扫干净即可。

2. 密度

刚孵出的幼螺，每平方米水面可放养 5 000～10 000 只。随着幼螺的生长，放养密度应相对减少。若池中经常有微流水流入，则放养密度可适当加大。

放养量可根据池塘条件、管理水平和饲料的供应等情况灵活而定。福寿螺初出壳时，每平米水面放养 4 000～6 000 个；20 日龄的幼螺每平方米水面放养 1 000 个。当螺体长至5～10 克时，可转入生产池，每平米水面放养 50 个。水源充足，池、坑深在 1 米以上的，每平米水面可饲养 100 个。放养原则是一次放足，可多次捕捞，捕大留小。

3. 投饵

幼螺培育初期，主要投喂细萍、糠和腐殖质等，每天可投喂两次。投喂时，要掌握量少次多的方法，以防水质恶化。在幼螺培育期间，要加强水质管理，确保水质清新。一般每隔 1～2 天换水 1 次。经 10～20 天的饲养，螺高 1 厘米、体重达 1 克左右时应分池放养。

(1)15 日龄以内的幼螺，消化系统不发达，食量也不大，主要摄食浮游生物和腐殖质,在此阶段以水质肥沃、浮游生物丰富为好。

幼螺孵出后的第1周,每天可投喂2次麦麸和浮萍,投入的数量随幼螺的长大而增加。1周后,当幼螺长到花生仁那么大时,就要增放假水仙等水生植物,供幼螺摄取。

(2)15日龄以后的幼螺,即可喂给青菜、水葫芦、水浮莲、水花生、水草和瓜果皮等饲料,也可喂少量猪粪、牛粪、鸡屎、花生饼、米糠、麸皮等。饲料要求新鲜、不霉烂。

(3)10克以下的幼螺,饲料应以红萍和嫩菜叶为主,适量加入细米糠等精料。10克以上的则应投放青菜、瓜皮和水草。

(4)每天可投喂1～2次,饲料要防止一次投入过多,腐烂后影响水质,可在早、晚分次投入,使饲料均匀地分散在水中。

4. 水质管理

孵化池(沟)和育苗池(沟)的水要勤换,确保水质清新。若水质恶化,容易导致幼螺大量死亡。孵化池(沟)和育苗池(沟)的出水口要设栅栏,防止幼螺随水而流走。

幼螺对水质要求较高,如果水质恶化发臭,便会停止摄食甚至死亡,因此每隔3～5天换水一次,或采用流水法,保持水质清新,确保福寿螺正常生长和繁殖。换水时,可用皮管将水吸出容器。换水用的皮管上应包纱布,以免幼螺同水流一起吸出。如用自来水养殖,必须经一天的脱氯。农药、油类和石灰等,切忌进入螺塘。

福寿螺的养殖过程中,要勤加注新水,搞好水质管理。一般春、秋两季每 7～10 天加水 1 次，夏季 3～5 天 1 次，每次加水可使水位升高 5～10 厘米，必要时可先排掉一部分老水，然后再加注新水。每天要注意清除食物残渣，以免水质败坏，并要防止农药和污水流入池中。

5. 掌握温度变化

养殖幼螺的水温最好不低于 20 ℃，尤其是孵化箱孵出的幼螺，水温最好与孵化箱内一样并保持一天时间，这样幼螺的成活率会很高。

6. 幼螺管理

(1)在整个养殖过程中，应掌握“两头轻，中间重”的原则。春、秋两季水温较低，一般在早晨 9 点投饵，日投饵量约占螺体重的 6%左右。夏季水温高，光线强，螺的摄食能力增强，投饵宜在下午 5～6 点进行，日投饵量约占螺体重的 10%。投喂过程中要先投喂青草、菜叶、水草等，待吃光后再投喂麸皮、豆饼粉、玉米面等。

(2)养螺池经清整、消毒、注水后，即可放入幼螺。幼螺一般在 4～5 月，水温 20 ℃左右时放养。

(3)消灭敌害：福寿螺的敌害生物较多，如水蛇、黄鳝和肉食鱼类等，尤其是老鼠特别喜欢捕吃靠近水边的福寿螺，要注意预防。

(4)注意事项

①切忌投喂烂菜叶等腐败食物，切忌农药、化学物质污染水体。

②饲养盆要每隔 3～5 天冲洗 1 次，每天清除粪便、杂物及饲料，以防病菌和虫害。

③室内养殖，适宜的光照度为 10～20 勒克斯。

④及时清除死福寿螺。

五、中螺的饲养管理

小螺经 30 天左右喂养，个体可达 5 克，即进入中螺期。中螺养殖可以在大、小水体中进行。

1. 小水体养殖

(1)小水体养殖，水深要求在 30 厘米以上，水面上要留出 10 厘米左右空间。

(2)放养密度为每平方米 500～1 000 只。

(3)平时以青饲料为主，日投食量平均每平方米青料 1 000 克，精料 100 克。随螺体长大，日投食量可酌情增加。

2. 较大水体养殖

(1)在较大水体中养殖，池塘面积应在 2 亩以内，池塘不能混养肉食性鱼类和杂食性鱼类，放入幼螺前要先干塘清野，可不施肥，注入清水，水深不超过 1 米。

(2)每亩一般放养幼螺 3 万只。

(3)养螺池可放植浮萍、水浮莲等，既可供螺食用，又能遮阳。

六、育成螺的饲养管理

幼螺10克重时，移入保持适宜水深的饲养池。

新的养螺池经清整、消毒、注水后，即可放入幼螺进行育成养殖。小土池、池塘、水沟和稻田等场所，可用生石灰或茶饼消毒，每平方米用生石灰75克，均匀撒施，以杀灭野杂鱼、虾、蝌蚪等。待7～10天药效消失后，即可放入幼螺。

养殖场所内应移植一些水生植物供福寿螺避暑。

1. 密度

每平方米水面放养大螺20只，如水深1米以上，每平方米可放养40只。

2. 饵料

(1)10克以上的福寿螺，则可喂菜叶、水草、瓜皮等。投入量以螺有饲料可吃为度，严防一次投入过度，造成腐烂而影响水质。投饵不能采取定点投饵法，而应分散投入，使饲料均匀散布在水中，一般早、晚各投入1次。

(2)以鲜嫩蔬菜叶为主，混合5%左右的优质精饲料，还可添加适量的矿物质和维生素添加剂。每次投喂量为体重的5%。考虑到青饲料的损耗，实际投食量一般为体重的6%～8%。青饲料投喂前，最好在水中先浸泡半小时，谨防农药中毒。浸泡的青饲料投喂前应洗净切成片、丝或剁成丁，然后将精饲料撒入拌匀。投喂食物之前，应先喷洒水，然后再投喂食物。

(3)福寿螺5个月龄时,要按饲养目的投喂食物。若作种福寿螺,则要求多喂鲜嫩多汁的饲料,如青菜叶、莴苣叶、圆白菜叶、瓜果(黄瓜、冬瓜和西瓜皮等)以及十字花科和禾本科植物等。也可利用剩余的米饭、馒头渣及甘薯、米糠、麦麸、玉米粉、贝壳粉、蛋壳粉、木薯粉、马铃薯粉、红薯粉以及经发酵后的干猪粪等作为饲料。

(4)若作商品福寿螺,则要求迅速催肥。要求搭配精饲料,多喂青饲料。室内饲养,每天投喂2～3次。室外养殖,低温季节2～3天投料1次,6～9月份需每天投料。原则上以吃完了就投为准。售前7天注意增加钙质,如骨粉、蛋壳粉等。

3. 繁殖性能

当螺体重达25克左右时开始性成熟。雄螺通过管状生殖器与雌螺行体内交配,每交配一次需1～3小时。交配后7～10天开始产卵,每次产卵200～1 000粒,6～8月为产卵盛期。

4. 日常管理

福寿螺食量大,排泄物多,易污染水质,因此应每隔3～5天换水1次,或采用流水饲养,以保持水质清新。此外,还要严防农药、石油和石灰等物品污染池水。

七、成螺的饲养管理

由中螺养成个体重约50克的商品螺,这个阶段称为成螺饲养(图 11)。

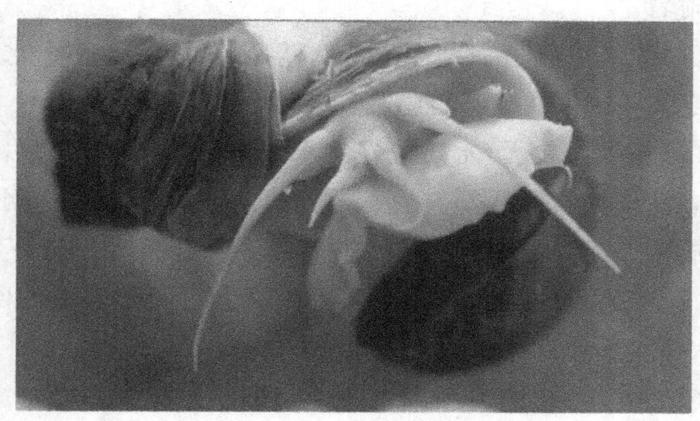

图 11　成螺养殖

1. 饲养方式

(1)成螺饲养,其养殖方式常为单养,可利用水泥池或小土池养殖,也可以进行池塘放养和稻田及网箱饲养。作为商品螺出售,不宜采用鱼、螺混养。

(2)成螺饲养要注意

①雌、雄螺体要分开放养,减少自行繁殖;

②控制密度,尽量疏养;

③确保投喂优质饲料。

2. 饲养池

养殖成螺的池塘面积,一般以 1～2 亩为宜。

(1)为了操作和观察的方便,可把池子整理成宽 1.5 米左右的畦形坑,水深在30～60厘米,池中放些竹片、条棍等物,供螺附着。

(2)池内应种植一些浮萍或水葫芦,面积可占整个水池面积的1/4～1/3,供螺遮荫隐蔽和食用。

(3)在水面较大,水质较好的水体中,架设网箱养螺,是一个好办法。由于水质清新,故螺能快速生长,产量高。网箱养螺的放养密度,可比水泥池放养密度大。网目大小以不走螺为度,一般用20目的网片即可,网箱深度可浅于养鱼的网箱,以高30厘米为好。

(4)为了防止逃逸和敌害进入,池周围应有围墙或篱笆,围高80～100厘米,在进、出水口要有拦螺设施(图12)。

图12　拦螺设施

福寿螺对碱性敏感,当pH上升到11.5时,将失去活力。根据这一特性，可在养殖池四周池埂上撒生石灰，筑成一道“碱性围墙”，可以防止螺体外逃。

3. 密度

其放养密度为每平方米面积 100 个左右。

4. 饲料

成螺饲料以青料为主，搭配适量的精饲料。

(1)青饲料如红萍、青菜、各类瓜苗、薯藤，以及无毛刺的各种嫩草均可。

(2)精饲料如麦麸、豆饼、米糠等。精料的投喂量不能过多，以免剩饵使水质恶化。各种饲料的投喂要均匀投到水中，一天两次，平均每平方米投 500 克青饲料，50 克精饲料。一般投饲量占螺体重量的 1/10～1/8，青、精料的比例为5∶1，各种饲料都要新鲜。平时要保持水质清新，每天捞除残留饵料，每隔 2～3 天冲水一次，能有微流水更好。

5. 水温

福寿螺喜欢在较高水温条件下生活，但怕阳光直射。当水温 25～33 ℃时，活动力较强，生长最快，超过这个温度范围，生长减慢。因此，夏季高温天气应控制水温不能过高，要有遮荫物。

6. 催肥

成螺要求迅速催肥。要求搭配精饲料，多喂青饲料，每天投喂 2～3 次。低温季节 2～3 天投料 1 次,6～9 月份需每天投料。原则上以吃完了就投为准。

7. 日常管理

养福寿螺要注意加强管理,防止逃逸,不能野放。由于它的食性是以植物为主,对有些农作物能造成危害,而且它生长快,具有惊人的繁殖能力,卵块随水漂散,并且还有夜间爬出觅食和产卵的特性,大量的福寿螺一旦扩散到菜地以至大田,可能会造成一定的灾害。所以最好采取有严格控制的围养,不要在稻田、菜地或沟渠等处作开敞式的养殖。

福寿螺畏寒,冬季水温太低,可造成死亡,所以要在冬季做好防寒越冬工作。水温在 12 ℃时,其活动滞缓,8 ℃时进入休眠状态,安全越冬温度在 0 ℃以上。各地根据气温变化及条件而采用不同的越冬方法。

8. 成螺捕捞

福寿螺的生长较快,自然条件下,最大个体可达 100 克,人工饲养下的福寿螺最大个体还要大。一般个体规格在 50 克以上就可上市出售。由于个体间的生长有差异,因此,在饲养中要采取捕大留小的方法,根据当地消费习惯分散分批上市,以获得最大的经济回报。

福寿螺的壳薄易破,所以在成螺捕捉时,要细心操作。

八、日常管理

总的要求是勤检查，操作轻，进、出水口要安全，水质问题莫轻心。这样经过3个月左右的饲养期，部分螺个体达到50克以上时就开始陆续轮捕上市。

日常管理的目标是维持和稳定优良的养殖生态环境，确保福寿螺的正常生命活动和新陈代谢。

1. 影响养殖环境的因素

(1)氨：在载体中氨以 $NH_3 \cdot H_2O$ 和 NH_4^+ 两种形式存在，二者合称为总氨。NH_4^+ 一般不表现毒性，但总氨一旦超过 10×10^{-6} 浓度，则会迅速产生毒害。主要表现为损伤福寿螺的呼吸器官以及降低血液载氧力。福寿螺的排泄物是氨的另一来源，排泄物中的粪便和食物残渣分解将产生大量的氨。在封闭水体内，一旦强度投喂，则氨的蓄积并达到危险浓度的速度是极快的，如果不及时做针对性处理，福寿螺则会在数天内死亡。

(2)二氧化碳：高密度养殖情况下，福寿螺的呼吸作用会产生大量的二氧化碳，同时代谢物的分解作用也加剧了二氧化碳累积。由于载体水量极少，加之植物的覆盖作用，水体中浮游植物光合作用消耗的二氧化碳甚微。二氧化碳迅速累积导致载体 pH 大幅度下降，诱发福寿螺体液渗透压及 pH 失衡，进而降低了血液 pH 形成酸中毒，造成血液载氧能力下降，引发“缺氧症”；同时，由于 CO_2 的麻醉作用，当载体的

CO_2 排出受阻,酸中毒会进一步加剧。另一方面,由于载体 pH 的下降,将发生硫化氢的毒性反应。

(3)硫化氢:自然水体中含有大量硫酸盐,高密度养殖情况下,载体极易缺氧,一旦缺氧,硫酸盐还原菌就将硫酸盐还原为硫化氢;加之载体酸性转化,更加剧了硫化氢的生成和毒性作用。毒性试验得知,载体硫化氢浓度达到 1×10^{-6},福寿螺即会中毒。

(4)排泄物、食物残渣中的氨基酸腐败产生酸类、吲哚、胺类等有害物质。

(5)载体的温度变化:福寿螺的生存温度在 3～35 ℃以内,适宜温度在 25～32 ℃以内。由于养殖池水溶量少,高温和严寒极易造成载体温度的剧烈变化,甚至超过福寿螺的生存温度,因此在日常管理中必须注意夏季遮荫降温和冬季保温。

(6)意外情况的发生:福寿螺人工养殖过程中,偶然因素的发生是不可避免的。

常见的偶然因素有:鼠、蛇的侵害;由于排水系统堵塞,在进水时或在暴雨季节溢池。日常管理过程中要经常针对这些情况加以检查。

2. 防乱喂料

福寿螺以新鲜的青菜、水草、萍类等植物茎叶为主要食料,但不同日龄的螺应有不同的选择。

福寿螺主要摄食植物性饲料,如青萍、红萍、水草、水浮莲、冬瓜、南瓜、西瓜、茄子、蕹菜和白菜等。

(1)刚出壳的幼螺，宜投喂红萍、嫩菜叶，酌施少量细米糠。随着螺体长大，可增投水草、菜叶、瓜类等浮水性饲料，以利福寿螺浮于水面附着摄食。

(2)在投喂饲料时，应以青料为主、精料为辅(精料如麸皮、豆饼粉等占螺总体重的0.5%以上)。饲料要求新鲜、不霉烂。

(3)整个养殖过程中，应掌握“两头轻，中间重”的原则，春秋两季水温较低，日投饵量约占螺体重的6%；夏季水温高，光线强，螺的摄食能力增强，日投饵量约占螺体重的10%左右。

(4)投喂过程中要先投喂青草、菜叶、水草等，待吃光后再投喂麸皮、豆饼粉、玉米面等。投饲时，均匀撒遍全池，注意不可过剩，以免腐烂沤臭水质。

3. 水质管理

水质管理主要通过微流水和彻底换水两种方式结合来实现。

微流水的流量应控制在每小时0.01～0.1立方米，早春及晚秋保持下限，高温季节取上限。当水源方便或建有蓄水池时，可24小时持续进行。在水源不便或无蓄水池时，可在投喂前后4小时集中进行，流量可适当增加到每小时0.4立方米。

4. 防缺氧

福寿螺不耐缺氧，应根据天气、水色、季节和福寿螺的活动情况进行预测，如有可能出现缺氧现象，应及时采取换水等增氧措施。

(1)池内水体要保持清新,勤排勤灌。一般春、秋两季每7～10 天加水 1 次,夏季 3～5 天加水 1 次,每次加水可使水位升高 5～10 厘米。

(2)必要时可先排掉一部分老水,然后再加注新水。使用自来水须事先存放 2 日,或经搅拌去氯后方能引入。

(3)每天要注意清除食物残渣,以免水质败坏,并要防止农药和污水流入池中。

(4)池塘和稻田饲养如能保持微流水状态,更有利于福寿螺的生长。

5. 巡池

(1)防止老鼠及蛇类侵入。

(2)及时清理死亡和体质衰竭的螺苗。

(3)保持进排水系统的畅通。

(4)雨季,尤其是暴雨季节严防溢池事故发生。

6. 排污

排污作为水质管理的必要环节,可以彻底减少水质恶化的污染源,同时也降低了载体的有机负荷。

在彻底换水的操作中,当水彻底排干后,用扫帚将集中于中间空置区的排泄物、食物残渣等扫至水口排掉,同时将繁殖过密的水葫芦清除一部分。

由于水葫芦下的污物难以排除,加之水葫芦覆盖,常导致这一区域的水质败坏,因此,在每次排水结束后,应施入一定量的“双益”2 号药物。

7. 防害防逃

(1)进水口、排水口要用密眼网过滤，以防野杂鱼及凶猛性鱼类进入。鼠类及黄鼠狼对福寿螺危害较重，要采取措施加以防范。

(2)应随时检查进、排水口处密眼网的牢固程度，防止螺随水漂走。特别要注意在大雨过后检查防逃设施，发现损坏，应及时修复。检查出入处是否安全，发现漏洞，及时解决。

(3)防逃可以围养和在田埂上用石灰撒一条线，因其怕碱，pH 11.5 时便失去活力。

8. 高温管理

(1)加强水质管理及排污的力度。

(2)提高水葫芦的覆盖密度，以降低载体的温度。确保载体水温不超过 33 ℃，必要时加强进水以降低水温。

9. 注意观察螺体生长发育情况

(1)看个体大小组成，确定投饵颗粒大小及投饵量。

(2)每天早上应巡视，注意饲料消耗情况，观察螺的生活状况，有敌害生物要尽快清除。操作过程要轻拿轻放，不要随意丢抛螺体，以免碰伤螺壳造成死亡。

(3)将池水透明度掌握在 40 厘米以上。

10. 防病

福寿螺一般不发病,但在人工高密度养殖情况下则可能发病。发病季节,用土霉素每千克饵料拌 0.5～1 克饲喂。

九、捕捞与运输

1. 捕捞

投放 1～3 克的幼螺经 3～4 个月的饲养,到 8～9 月份个体重量普遍达到 50 克以上时,便可捕捞上市。捕捞的方法可用鱼种网拖捕或干塘捕捉,也可当其浮在水面时,用网捞取。

(1)抄网捕螺:用虾抄网抄捕,适宜单人作业。

(2)放水捕捞:可排水进行彻底捕捞。

2. 捕捞工具

采用长柄抄网(图 13)。长柄抄网由网身、网圈和捞柄三部分组成。

网身长 2 米左右,用每厘米 16 目的密眼塑料纱网缝制而成,做成长袋状,呈腰鼓形,即上口直径 30 厘米、中腰直径 40 厘米、下底直径 50 厘米。下底不缝合,用时用绳扎牢。袋口固定在网圈上。网圈用钢筋或硬竹制成,网圈直径略小于网身上口直径,网圈牢固地固定在捞柄上。

捞柄采用直径 8～10 厘米、长 2 米的木棍或竹竿。

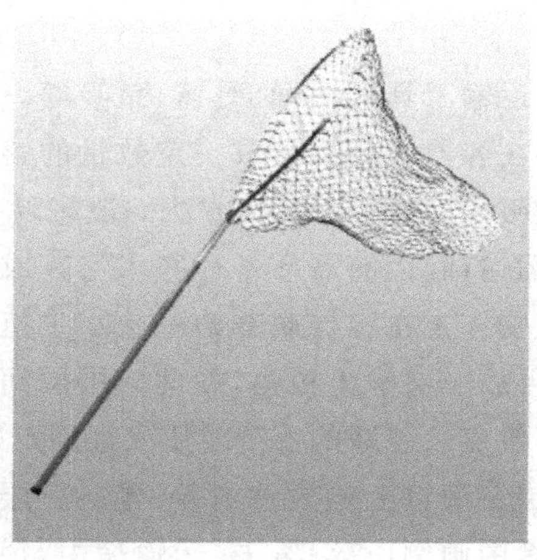

图 13 抄网

3. 捕捞

(1)人站在水中用抄网慢慢捞起水底表层浮泥,捞到一定量后,提起网袋,在水中反复荡洗、漂去淤泥,然后收集。

(2)池塘养殖的选捕:主要采用干塘法。先反复用夏花鱼种网拉捕数次,将捕获的成螺与繁殖出来的幼螺分选开,把幼螺暂养起来。然后再干塘把螺全部捕起,随即灌水,至池水深1米左右,将暂养的幼螺放回原塘继续养殖。

(3)网箱养殖的选捕:在网箱紧靠宽边两端,收箱角,放开绳,用手拉住防逃网,将箱衣、箱底拉浮水面,使福寿螺向对面箱宽边聚集,然后挑选出体重50克以上的成螺。没有达此规格的螺继续留于原箱养殖。选捕完毕,恢复网箱系绳原状。

4. 运输

福寿螺的运输工具可用桶、竹篮、鱼篓等。由于壳薄,在大量装运时要在容器内分层填放一定数量的菜叶或水草,否则螺壳会互撞破碎而死亡。运输方法一般有以下 3 种。

(1)竹箩运输:起运前需准备一些水浮莲或水葫芦、水花生之类大型植物。先在容器底部铺一层水生植物,然后均匀放一层成螺,再放一层水生植物,如此一层层间隔铺放,最后在上面用水草覆盖。装好的箩筐要用支架固定好。若需重迭箩筐时,在底层箩筐口上垫放竹木条,置上上层箩筐,然后缚扎牢固,以防途中倾倒压碎螺。在运输途中,每隔 3~4 小时淋水 1 次,保持螺体湿润,运到目的地后入池养殖。

(2)尼龙袋充氧运输:是将成螺装入运输鱼苗用的尼龙袋内,充氧运输。此法适用于小量长途运输。

①用装运鱼苗的尼龙袋,不装水,不用填充物,直接把螺装入袋内(不要碰破螺壳),然后充氧气密封袋口,即可装箱运输。

②每袋装螺数量为:小螺可装 5 000~10 000 只,中螺 1 500~3 000 只,种螺 100~200 只。在运输途中要防止剧烈颠簸。幼螺的运输多采用塑料袋充氧运输的办法。

(3)带水运输:适用于较长时间的运输,且福寿螺的成活率较高,一般可达 90%以上。

①带水运输的装载容器一般采用木桶、帆布袋、水缸,大多采用木桶,故又称此法为木桶运输。采用圆柱形木桶作为运输福寿螺的装载容器,其优点是既可以作为暂养福寿螺的

容器，又适用于汽车、火车、轮船等装载运输，装卸方便，换水和运输保管操作便利。圆柱形的木桶是用 1.2～1.5 厘米厚的杉木板制成，高 67 厘米，桶口直径 50 厘米，桶底直径 46.7 厘米，桶外周围用铁丝打个箍，在最上边箍的两侧各装 1 个耳环，便于搬动。以同样厚度的杉木板制成比桶口外径稍大的桶盖，桶盖上在离盖边 6 厘米处锉宽 0.75 厘米的长形通气缝 12 条，缝与缝之间的距离为 3 厘米左右，以便于空气流通。

②容器中装载福寿螺的数量，要根据季节、气候、温度和运输时间而定。

一般容量为 60 千克左右的木桶，水温在 25 ℃以下，运输时间在 24 小时以内，一只木桶内可装入福寿螺 25～30 千克，另加清水 20～25 千克；当运输时间在 24 小时以上、水温超过 25 ℃时，一只木桶内可装入福寿螺 20～25 千克；如果天气闷热，一只木桶内只能装入福寿螺 20 千克左右。

十、防逃、防危害

近年来媒体相继报道福寿螺对作物的危害性，值得注意。

福寿螺嗜食水稻等水生植物，水稻插秧后至晒田前是主要受害期。它咬剪水稻主蘖及有效分蘖，导致有效穗减少而造成减产，危害极大。但实践证明，福寿螺在长江以北的广大地区，只要养殖得当是不足以为害的。

1. 危害的防止

(1)福寿螺原产南美热带地区，生长的适宜水温为 25～

32 ℃。水温降到 3 ℃,持续 4～5 天,螺开始死亡,而且螺体越大,耐寒能力越差,死亡率越高。福寿螺在这类地区不能正常越冬,螺的密度完全可以控制。适宜于福寿螺自然生长的季节为 4 月下旬到 10 月上旬,而福寿螺从孵化到性成熟需 70～80 天,一般每年仅能繁殖 2～3 代,所以不易蔓延。

(2)长江以北地区为水旱轮作制,秋熟作物后大多为夏旱作物,而福寿螺繁衍生长离不开水,长期脱水也是福寿螺生存的限制因素。因此,在我国长江以北广大地区可以消除顾虑,可利用稻田水域大力发展福寿螺养殖。

2. 防治措施

福寿螺的防治必须采取"预防为主,综合防治"的措施。

(1)对养殖场所必须采取隔离手段。一是采用水泥池养殖;二是养殖池四周布隔离网;三是在注排水口要装上铁丝网、聚乙烯布或竹箔等拦网设备,以防排水时外爬,隔断其外逃途径,在进出水源多重布置密网,确保不向外扩散。有必要的话,还可以在池塘四周撒上石灰等碱性物质,形成碱性防逃地带,防止逃螺现象的发生。

(2)在福寿螺越冬或产卵盛期前,对沟河和农田的成螺,进行人工捕捉。

第三章　福寿螺饵料

福寿螺是一种杂食植物性螺类，以植物性饲料为主，也摄食少量精饲料。刚出壳的幼螺，宜投喂红萍、嫩菜叶，酌施少量细米糠。随着螺体长大，可增投水草、菜叶、瓜类等浮水性饲料，以利福寿螺浮于水面附着摄食。幼螺饲养 19 天，一般重达 1.2 克。每日早、晚各投饲 1 次，均匀撒遍全池，注意不可过剩，以免腐烂沤臭水质。池内水体要保持清新，勤排勤灌，至少隔 3 天换 1 次。

一、福寿螺营养需求

1. 蛋白质

蛋白质是福寿螺生长及维持生命与构成机体组织所必需的营养素，不仅构成其体格，而且作为酶和激素的组成部分，起着十分重要的作用。

蛋白质的主要来源：蛋白质分为植物性蛋白质和动物性蛋白质两大类。植物性蛋白质主要来自谷类、豆类等；动物性蛋白质主要来自畜肉类、禽肉类、鱼类、蛋类和奶类等。

2. 脂肪

脂肪的主要功能:供给热量。脂肪组织起到调节体温,防止体温外散,保护内脏器官等作用。因此,螺在生长发育过程中要不断地从饲料中摄取一定量的脂肪以满足生理需要。

3. 糖类

饵料中的糖类主要是淀粉和纤维素。糖类的主要功能是供给热能。所有的神经组织、细胞和体液中都有糖类。糖类可辅助脂肪的氧化,促进生长发育。

4. 维生素

维生素是维持螺类正常生理功能必需的一类化合物,维生素种类很多,通常分为脂溶性和水溶性两大类,脂溶性维生素有维生素 A、维生素 D、维生素 E、维生素 K,水溶性维生素有 B 族维生素和维生素 C。

5. 能量

螺类为维持生命和代谢活动,必须每天从饵料中取得能量以满足机体需要。饲料中主要的能源物质为糖类、脂类和蛋白质,它们在体内通过生物氧化过程,与鳃部吸入的氧化合而释放出能量。

6. 无机盐和微量元素

无机盐和微量元素虽不能供给机体能量,但却在正常生命活动上具有重要意义，它们不仅构成组织的成分，也是维持正常生理功能所必需的物质，所以满足螺类对无机盐和微量元素的需要极其重要。

除氨、氮、氢、碳以外的其他各种化学元素统称为无机盐，其中钙、镁、钾、钠、磷、硫、氯含量较多，其他如铁、碘、铜、锌、锰、钴等含量极少，但对于肌体的营养和功能却有很大影响。

二、饲料需求特点

(1)15 日龄以内的幼螺，消化系统不发达，食量也不大，主要摄食腐殖质，在此阶段以水质肥沃为好。

(2)15 日龄以后的幼螺和成螺。即可喂给青菜、水葫芦、水浮莲、水花生、水草和瓜果皮等饲料，也可喂猪粪、牛粪、鸡屎、花生饼、米糠、麸皮等。

(3)种螺除投给青饲料外，还应多投喂一些糠、饼等精饲料，最好能掺喂一些干酵母粉和钙粉，以增加种螺的营养，提高种螺的产卵量和孵化率。

(4)福寿螺每天的总食量为其体重的1%。一般春天喂白菜、青菜、莴苣等植物；夏天可喂各种瓜果皮渣、甘蔗、向日葵叶等；秋冬喂菜叶、薯片、胡萝卜等。忌喂葱、姜、蒜、韭、芥等异味食物。

为了提高产卵率，福寿螺繁殖期最好加入粉碎的麦麸、米糠、豆腐渣、酵母粉、豆粉、鱼粉、骨粉、贝壳粉或石粉等混合料。

一般来说，福寿螺生长期精饲料用量少，繁殖期精饲料比生长期饲料应多1倍,特别是对钙的需要量增多。

养殖福寿螺,青饲料与精饲料应合理搭配,生长期青饲料占95%,精饲料占5%;繁殖期青饲料占90%,精饲料占10%。

幼福寿螺消化系统功能比较弱,应投放鲜嫩多汁的青饲料,不要过早投放精饲料,防止贝壳过硬长不大。

三、饲料种类

大瓶螺采食种类多,动、植物饲料都能吃。

1. 动物性饲料

动物性饲料蛋白质含量高,必需氨基酸种类丰富且比例较平衡,富含赖氨酸、蛋氨酸、苏氨酸和色氨酸等;维生素含量丰富,特别是B族维生素;富含各种矿物质,尤其钙、磷含量和比例较适中;含糖量很低,几乎不含粗纤维,因此,动物性饲料的营养价值较高。

动物性饲料主要为水产品加工厂、屠宰场、肉品加工厂等的产品或副产品,如鱼粉、血粉、肉骨粉和各种动物内脏、下脚料等。一般作为配合饲料的主要蛋白饲料,如鱼粉在配合饲料中的比例一般占得较大,动物内脏一般作为辅助性饲料用。

2. 植物性饲料

植物性饲料主要是以水生维管束、陆生双子叶植物为主,福寿螺对受污染、有化学刺激性的、茎叶长有芒刺的植物能够自动回避,单子叶植物一般不吃。

(1)水生维管束植物:水生维管束植物依次为水花生(图14)、紫背浮萍、芜萍、浮萍、满江红、水浮莲(图 15)、水葫芦(图 16)、水蕹菜、牙舌草等。

图 14 水花生

图 15 水浮莲

图 16　水葫芦

(2)陆生植物:陆生植物依次为莴苣叶、甘蓝、小白菜、牛皮菜,以及瓢儿白、野韭菜、红苕叶、南瓜叶等植物的茎叶。

(3)其他饲料依次为麦麸、米糠、南瓜、佛手瓜、红苕、茄子、花生叶以及死鱼、蚌壳肉等。

四、饵料参考配方

人工配合饲料是根据螺的营养需求,将多种原料按一定比例科学调配、加工而成的产品。人工配合饲料不同于人工混合饲料,不是简单地把各种动物饲料和植物饲料等混合起来使用,而是要把各种饲料原料进行合理配比,使饲料营养成分之间的比例平衡,以发挥饲料最大的营养功效,取得最佳养殖效果。

1. 常用饵料配方

米糠和麸皮各 25%，贝壳粉 40%，酵母粉 8%，其他（鱼粉、豆粉、面粉）及微量元素和专用添加剂共 2%。

2. 幼福寿螺饵料配方

（1）玉米面 20%，炒黄豆粉 20%，米糠 20%，麦麸皮 20%，骨粉 10%，酵母粉 9%，微量元素 1%。

（2）麸皮 25%，玉米粉 25%，豆粕 23%，米糠 22%，淡鱼粉 3%，酵母粉 2%，加少许多维素、微量元素及生长素。

3. 福寿螺生长期饵料配方

（1）玉米粉 40%，麸皮 25%，豆粕 15%，米糠 13%，骨粉 3%，淡鱼粉 2%，酵母粉 2%。

（2）米糠 70%，粗面粉 10%，小麦粉 10%，蚕豆粉 5%，马铃薯粉 5%，加少许钙粉。

（3）麦麸皮 30%，细谷糠（细稻糠）25%，黄豆粉（炒熟）20%，玉米粉 15%，蛋壳粉 7%，酵母粉、微量元素添加剂、维生素添加剂各 1%。

（4）麦麸 20%，河砂、黄豆粉（熟）、白豇豆粉、蚕豆粉（熟）、绿豆粉、玉米粉、细米糠各 10%，蛋壳粉 7%，钙粉 1.5%，食糖 1%，土霉素粉、食母生粉各 0.2%，食盐 0.1%。

4. 福寿螺繁殖期饵料配方

(1)麦麸皮、蛋壳粉各15%,黄豆粉(炒熟)、蚕豆粉(炒熟)、绿豆粉、玉米粉、细谷糠、细稻糠各10%,钙粉7%,土霉素粉、酵母粉、维生素添加剂各1%。

(2)麦麸皮25%,细谷糠或细稻糠20%,玉米粉、黄豆粉(炒熟)、蛋壳粉各15%,钙粉5%,蛋氨酸、微量元素添加剂、维生素添加剂、土霉素粉、酵母粉各1%。

5. 福寿螺成螺饵料配方

(1)鱼粉60%,米糠30%,麸皮10%。

(2)鱼粉50%,花生饼25%,饲用酵母粉2%,麦麸10%,小麦粉13%。

(3)血粉20%,花生饼40%,麦麸12%,大麦粉10%,豆饼15%,无机盐2%,维生素添加剂1%。

(4)肉粉20%,白菜叶10%,豆饼粉10%,米糠50%,贝壳粉2%,蚯蚓粉8%。

(5)蛹粉30%,鱼粉20%,大麦粉50%,维生素适量。

第四章　福寿螺的疾病防治

池塘养殖福寿螺一般没有疾病发生，但在集约化养殖中，由于放螺密度较高，也要做好防病工作，除在放螺前池塘用生石灰彻底清塘消毒外，还要在生长期内，每月使用“氯杀王”等消毒剂消毒一次，起到灭菌的目的。

一、疾病预防

1. 消毒措施

(1)清池消毒

①生石灰：将池水放掉，只留 5～10 厘米积水，在池底挖若干个小坑，将生石灰分别放入小坑中加水溶化，不待冷却即向池中均匀泼洒。生石灰用量一般为每亩 60～75 千克。使用生石灰后的第二天，用铁耙耙动池底，使石灰浆与淤泥充分混合。如果池水不易更换时，也可带水清塘消毒，即不放池水，将溶化好的生石灰浆全池泼洒(图 17)。每亩平均水深 1 米用 125～150 千克生石灰。

图 17　泼洒消毒

②漂白粉:排干池水,每亩用有效氯占 30%以上的漂白粉 4～5 千克。未排水的池塘,每亩每米水深用有效氯占 30%以上的漂白粉 12～15 千克。使用时,先将漂白粉放入木盆或搪瓷盆内,加水稀释后进行全池均匀泼洒。

③漂白精:排干池水,每亩用有效氯占 60%～70%的漂白精 2～2.5 千克。未排水的池塘,每亩每米水深用有效氯占 60%～70%的漂白精 6～7 千克。使用时,先将漂白精放入木盆或搪瓷盆内,加水稀释后进行全池均匀泼洒。

④鱼安:每立方米水体用鱼安 6～7 克,加水溶解后,全池泼洒。

⑤茶饼:将新鲜茶饼砍削成小块,用热水浸泡一昼夜后,全池均匀泼洒。每亩每米水深用约 25 千克。

⑥巴豆:每亩池塘用巴豆 5～7.5 千克。将巴豆浸水磨碎成糊状,装进酒坛,加烧酒 100 克或食盐 0.75 千克,密封 3～4 天。将池水放掉,只留 10 厘米左右积水,用池水将巴豆稀释后,连渣带汁全池泼洒。10～15 天后,再注水 1 米深,待药性彻底消失后放养。

使用上述药物后,池水中的药性一般需经 7～10 天才能消失。放养福寿螺前最好"试水",确认池水中的药物毒性完全消失后再行放种。

(2)池水消毒

①每立方米池水加生石灰 25 克,用少量水溶化后,均匀泼洒全池。

②每立方米水体加漂白粉 0.6 克,用少量水溶化后,均匀泼洒全池。

③每立方米水体加高锰酸钾 8 克,用少量水溶化后,均匀泼洒全池。

(3)用具消毒

①用 5%的漂白粉浸泡用具 10 分钟。

②用浓度为 20×10^{-6} 的高锰酸钾浸泡用具 10～20 分钟。

(4)螺体浸洗消毒:用一定浓度的药物溶液浸螺体消毒。

①用 10～20 毫克/升的高锰酸钾溶液浸泡 10～30 分钟。

②用 10 毫克/升的漂白粉溶液浸泡 10～20 分钟。

③用 6 毫克/升的硫酸铜溶液浸泡 10～30 分钟。

④每千克清水用含青霉素 40～50 国际单位和链霉素 20 国际单位的溶液浸泡 30 分钟。

(5)饲料消毒：主要用于培育的活饵料、屠宰加工副产品的浸洗消毒。先用水洗干净，然后药浴浸泡。

①用浓度为 8×10^{-6} 的漂白粉浸泡 20 分钟。

②用浓度为 15×10^{-6} 的呋喃唑酮浸泡 10 分钟。

(6)育苗用水消毒：见表 3。

表 3　不同水源水消毒的加氯量

水源种类	加氯量（毫克/升）	1 立方米水中加入漂白粉（有效氯 25%）的量（克）
深井水	0.5～1.0	2～4
浅井水	1.0～2.0	4～8
土坑水	3.4～4.0	12～16
泉水	1.0～2.0	4～8
湖、河水（清洁透明）	1.5～2.0	6～8
湖、河水（浑浊）	2.0～3.0	8～12
塘水（较清）	2.0～3.0	8～12
塘水（不清）	3.0～4.5	12～18

2. 药物预防

(1)螺体孵出 2 天后，用土霉素全池喷洒（每立方米水体 1 克），每 12 小时 1 次，连用 3 次；隔 2 天后用病毒灵全池泼洒（每平方米 5 克），每天 1 次，连用 2 天。

(2)每次加注新水后，用漂白粉、强氯精（三氯异氰尿酸）、鱼虾安等药物，对水体进行消毒，预防螺病发生。强氯精每次每平方米用量为0.15～0.3克。

3. 管理措施

(1)防止温度骤变。

(2)调节好水质。

(3)饲养密度适宜，及时分养。

(4)合理饲养，定时、定量、定质投喂饵料，合理投喂饲料，投食次数要有规律，饲料种类变换不要太快。

(5)要坚持每天巡塘，观察福寿螺动态、池水变化及其他情况，发现问题及时解决。

(6)要注意环境卫生，勤除敌害，及时捞出残饵。

(7)用无刺激的消毒药物定期消毒饲养箱(池)，如用0.04%的苏打溶液合剂或0.1%的高锰酸钾溶液冲洗饲养箱(池)。定期用过氧乙酸稀释液，对福寿螺的养殖场所进行消毒，可杀灭病原微生物。

(8)清除丝状绿藻。丝状绿藻对螺池水质、螺体的生长有不利影响。未放水的池塘，用草木灰撒在丝状绿藻的表面，遮住阳光便可杀死丝状绿藻。对放水的池塘，用抓根、施肥和增加水深的办法，能基本根除丝状绿藻。

(9)用1/1000的敌百虫溶液喷洒能有效地杀灭福寿螺的天敌。

(10)发现病福寿螺，及时隔离，防止疾病传染。

(11)若有病菌感染，可用1/10万的高锰酸钾溶液浸泡福寿螺1～2分钟，3～4小时后再用1‰浓度的土霉素或氯霉素浸洗 1 分钟。

(12)平时在饲料中加土霉素(每千克加饲料 0.25 克土霉素),连喂 5～7 天,也可有效地预防疾病的发生。

二、常见疾病防治

1. 消瘦病

【病因】 土壤酸碱度不当,温度过高或过低。

【症状】 身体缩进壳内,少食或不食,长时间休眠或半休眠。

【治疗】

①用 22～25 ℃的温水浸泡 1 分钟,使福寿螺伸出头来,用0.25 克氯霉素加 25 克葡萄糖粉拌入 250 克精饲料,连喂 3～5 天。

②用 0.04%食盐水或苏打浸泡福寿螺 2 分钟,使福寿螺头部伸出,每天喂 2 次稀葡萄糖水(葡萄糖 50 克加氯霉素 50 万单位,兑水 500 毫升)。

2. 脱壳病

【病因】 投放饲料单一,饲料中缺乏钙、磷、钾等元素。

【症状】 外壳脱落,严重时内脏露出。

【治疗】

①投撒腐殖质以补充钙质。

②投喂钙质较多的饲料,如贝壳粉、骨粉、蛋壳粉等。

3. 黑斑病

【原因】　池底水质变坏，一些分解甲壳质和腐屑的细菌大量繁殖所致。

【症状】　发病初期，病灶处有较小的黑斑，逐渐溃烂，最后由细菌腐蚀，破坏甲壳质而变成黑色，通常在鳃部和腹部带有黑色或黑斑，螺体力大减，或卧于池边，处于濒死状态。

【防治】　保持螺池水质良好，必要时施用水质改良剂；发病后，用 1 克/立方米的呋喃西林泼洒治疗。

4. 霉菌病

【病因】　由霉菌寄生引起，主要危害幼螺。

【症状】　发病初期，在尾部及其附肢基部有不透明小斑点，继而扩大，严重时遍及全身而致螺死亡。

【治疗】　用 0.2 克/立方米的孔雀石绿或 200 克/立方米的甲醛，每天浸浴病螺 30 分钟。

5. 机械损伤

【病因】　硬件穿刺所致。

【症状】　壳部破损。

【治疗】　严重的予以剔除。轻微且体质较好的，使用“双益”3 号药物浸洗，并在入池后继续使用“双益”3 号。

第五章 福寿螺的利用与加工

福寿螺是一种大型食用螺类，螺壳薄肉多，既是美味佳肴，又是高蛋白食品，是一种营养丰富、肉质丰腴爽口、味道可与对虾媲美的高蛋白、低脂肪的上等食品。福寿螺螺肉主要供人食用，其干物质蛋白质含量70%左右，是优质的保健营养食品。直接食用，可脆炒、红烧、油炸和烫火锅等。

每 3 千克鲜螺即可得 1 千克螺肉，其营养成分甚佳，属高蛋白、低脂肪、低热量的优质食品，经分析，每 100 克螺肉含水分76.5%，蛋白质 29.3%，脂肪 0.3%，碳水化合物4.2%，热量 81 千卡，灰分 3.7%，此外还含有钙、磷、铁和维生素 A、维生素 B_1、维生素 B_2 和维生素 C 等。福寿螺蛋白质的氨基酸组成比较全面，18 种氨基酸均有一定的含量，其中含有 10 种人、畜和鱼类等的必需氨基酸。尤其让人过口不忘的是：福寿螺经过特殊加工烹调后，其味辣香，脆嫩爽口，口味悠长（图 18）。

(1)福寿螺其优越之处在于色泽棕黄，肉质浅黄，无泥沙和泥腥味，质地脆嫩，对高血压和冠心病有一定的药理作用。

（2）为防止病菌和寄生虫感染，在食用福寿螺时一定要煮透，一般煮 10 分钟以上再食用为佳，死螺不能吃。

图 18　食用福寿螺

（3）因福寿螺性寒，凡消化功能弱者及老人、儿童，应当食有节制，以免引起消化不良。

另外，胃寒者应忌食福寿螺，以防危害身体。福寿螺是发物，有过敏史及疮疡患者应忌食。福寿螺不宜与中药蛤蚧、西药土霉素同服。

（4）福寿螺内脏的价值，并不低于螺肉。内脏干粉用作动物蛋白饲料，可以和鱼粉比美；经腐烂作有机肥，效果很好；可直接喂养鱼类和畜禽；经水解后可作高级的复合氨基酸饲料；内脏通过深加工，还可提取多种生物化学产品，如凝集素、胱氨酸、精氨酸等。

(5)福寿螺贝壳可以加工为贝壳粉,可作为矿物质饲料和肥料使用。

一、福寿螺的加工方法

福寿螺加工方法有罐头、冰冻螺肉、盐渍螺肉、无盐干制、牙口含盐干制和螺肉粉等。深加工还可制成螺肉酱油等风味食品,加工出口和销售福寿螺肉有利于我国福寿螺资源的利用和养殖业的发展。

1. 鲜螺的采集及保存

福寿螺的生产加工季节以 4～5 月和 8～11 月最佳,此间福寿螺肉最肥嫩,出肉率高。

采集的鲜螺要清除泥沙、死螺、小螺、规格太大和壳破太多的螺,用透气的竹筐或塑料筐等装螺,及时进行鲜螺的分级或加工处理。

鲜螺保存时按 30 千克/筐且分层堆放。若将螺平铺在地面上时,厚度不能超过 25 厘米,四周每日用盐水喷洒、肥皂水涂抹或者生石灰画线以防逃(软体动物对于酸、碱物质的刺激有较强的反应)。

切忌将福寿螺存放在溶氧量低于 3.5 毫克/升的池子中,这会造成鲜螺因缺氧而大量死亡。

2. 蒸煮壳螺及破壳分离

福寿螺肉与螺体结合很紧。但生产实践证明，将螺放入100℃沸水中煮3分钟，螺壳与肉自然分离。因此，要取螺肉则先蒸煮壳螺。

若有打螺机，则将蒸煮好的壳螺用机器破壳，然后用盛水容器进行壳肉分离。

3. 清洗去口球或挑肉去口球

福寿螺的足腺能分泌无色黏液。在加工过程中因刺激加深，足腺分泌的黏液量增多，滑手。

应用脱黏剂按0.2%的标准，用搅拌机搅拌3～5分钟或人工踩压6分钟除粘后再行去口球。

口球是福寿螺的口、咽及其附属物混合体，由肌肉、细齿、齿舌、颚片和有软骨支撑的齿舌带组成，能伸缩自如，蒸煮时缩入齿舌囊中形成蚕豆大小的球状物样，在生产上习惯地称为口球。若不去掉，食用螺肉时有如咬石子、沙砾之感，严重影响口感。取肉时要做到每一个螺的口球、肠都要去干净，但不要扯掉裙边以免影响出肉率，外套膜上的所有黑色部分全部去掉。

直径5厘米以上的螺肉要切开。同时挑出不符合标准的螺肉，如死亡的螺及个体太小的螺、黑色和花色的螺肉。无打螺机，要人工挑肉去口球。

4. 验收及清洗螺肉

验收螺肉并登记,加入 0.2% 的脱黏剂搅拌 3 分钟或踩压 6 分钟,洗掉黏液及脱黏剂,挑出杂质后蒸煮,或盐渍后晒制螺肉干。

5. 蒸煮螺肉及清洗

鲜螺肉须在 3 小时内蒸煮完,若超过 6 小时则质量下降。

用 40 厘米,网目 1 厘米×1 厘米的铁筐进行蒸煮。火力要旺,这是保证螺肉品质的关键。

以鲜螺肉入锅后 2.5～3 分钟水沸腾为标准,水沸后再煮 3 分钟。从螺肉入锅到出锅 6.0～6.5 分钟完成,保证蒸煮螺肉的质量。每锅煮 10 千克左右/次,煮 15～20 次后锅内水需换新水。

出锅的螺肉要在 1.5 分钟内快速冷却,保证螺肉脆嫩。然后清洗干净,分别加工成冰冻螺肉、盐渍螺肉、无盐烘制螺肉干。

6. 加工

(1)冰冻螺肉:将蒸煮清洗干净的符合标准的螺肉按照 10 千克装袋,或者按照客户的要求装盘,装盘时加入一定比例的水,然后迅速送入冻库冷冻以保证螺肉品质。

(2)盐渍螺肉:盐腌法保藏食品是一种古老的技艺,现在它仍然是保藏水产等食品的重要方法。

盐渍福寿螺肉,采用盐水腌法腌制,用土陶缸进行,盐水盐度 25 波美度，盐腌时间 3 天，翻缸及出缸时不低于 20 波美度。所用盐要纯，盐若不纯，盐中存在的钙盐和镁盐杂质，会影响产品的颜色和坚实度。盐中存在 1％的钙盐或镁盐，也会使螺肉显著发白、发硬，这两种金属盐都产生强烈的苦味。

螺肉入缸腌制 12～24 小时后检查翻缸，3 天后出缸沥干盐水包装。盐渍好的福寿螺肉，色泽鲜黄，味香，口感脆嫩。

盐渍螺肉的保鲜十分关键，按 7.8 千克/袋或按照不同客户的要求包装。按 100 毫升/袋的标准加入含量 95％以上的食用酒精抑制嗜盐细菌和霉菌等微生物的生长繁殖，确保螺肉品质。加入的酒精与螺肉一起被密封在袋内，螺肉表面的酒精会逐步气化并达到平衡状态，覆盖在螺肉上的酒精气体具有杀菌和抑菌作用，所以产生了防霉、防腐的效果。

实践证明，用酒精气体可以保存面包、蔬菜、水果、鱼、肉等食品。若保鲜不当，嗜盐细菌繁殖，螺肉会变成红色，品质下降或败坏。

(3)无盐烘制螺肉干：干燥是人类最古老的食品保藏方法之一，是应用最广泛的食品保藏方法。食品的腐败必有微生物的生长繁殖，作为适于微生物生长的基质，食品必须有游离水以满足微生物的需要。通过减少游离水的含量，增加渗透压，可控制微生物的生长，降低或控制酶的活性。

通过烘烤等手段生产的福寿螺肉干水分为(5.939±0.012)％，达到了保藏的目的。

可采用自建烘炉进行，使用车架推进。车架设计成五层，层高 20 厘米，在 1 厘米×1 厘米的网筛上平铺一层螺肉。烘烤于当天下午 5:30 装炉，装炉后把鼓风机开大，热气放大，炉后门打开,炉上面的蒸汽门也打开,这时炉内温度迅速升高到55 ℃左右,保持这样的温度4小时。然后封闭炉后门,炉内的蒸气门仍然打开,温度持续上升,过3～4小时,炉内温度升高到约70 ℃左右,此时将炉内车架上的螺肉前后对调,然后关闭炉后蒸气门,使炉内开始回风,约过2小时后,温度升高到约80 ℃,保持1小时。然后关小热气或减小火力,让炉内温度降低至70 ℃左右,直至第2天上午10:00左右出炉。98%以上的螺肉都已烘干,极少数大粒未干的挑出另行烘干。

烘干的全过程大约16小时左右。烘烤过程中一定要按要求把握好温度关,否则炉内的螺肉可能坏掉。如温度低于53 ℃,只要持续1小时,炉内的高蛋白、低脂肪的螺肉就会腐败变质。前4小时的温度若太高,如80 ℃持续2小时,则炉内螺肉的表面会起干壳,外干内湿,螺肉的腐败就会从肉里面开始。表面看来是金黄的肉干,但用刀切开一检查,则里面已经腐败成小孔洞。烘制出的符合质量标准的螺肉干无杂质、无口球、无腐烂变质、无异味,肉干个体直径不小于1.5厘米,每100克肉干低于85个,色泽油亮,呈棕黄色或浅红色。

福寿螺肉干的蛋白质、脂肪、灰分、水分等常规营养成分的含量分别为(59.552±0.504)%、(3.043±0.004)%、(7.478±0.026)%、(5.939±0.012)%、17种氨基酸总量为(57.008±0.082)%,其中9种必需氨基酸含量为(24.810±0.028)%,微量元素如铁、锌含量分别为302.072±0.074(毫克/千克)和60.168±0.153(毫克/千克)。

(4)含盐晒制螺肉干:在阳光充足的季节可以采用自然干燥即用阳光晒制。盐通常与干燥并用,盐本身可控制微生物的生长，通常腐败菌的生长用5%以上浓度的盐就可控制。盐在日光干燥时用来控制微生物的生长。

将去口球清洗干净后的未蒸煮的鲜螺肉按5%的标准拌上盐放入缸内压紧，每装入20厘米厚的鲜螺肉，再在肉的表面平铺一层盐。加盐的量不能大于5%，盐太多晒制出的螺肉颜色发白，口感不好。盐低于5%易腐败变质。

福寿螺肉干用干腌法盐渍12小时后出缸清洗，用筐装好放入清水中过一遍即行晒制。一天要翻动螺肉8次以上，阳光充足天气晒制3天以上可达到标准。晒制的肉干盐分含量要求低于5%。

(5)四种加工方法的优劣

①冰冻加工最为简单，但必须每天送入冻库，运行成本较高。

②盐渍加工优于冰冻，但盐渍时间长，操作程序复杂，不好控制。

③干制的福寿螺肉比冰冻、盐渍的形式保藏的福寿螺肉更为浓缩。福寿螺肉干生产成本较低，所需的人工最少。保藏所需条件最少，销售费用较低，1吨福寿螺肉干相当于40吨鲜壳螺，6吨冰鲜螺肉，3.5吨盐渍螺肉。

④含盐晒制受天气影响，人力无法控制。

所以无盐烘制螺肉干是加工福寿螺的最佳方法。

二、福寿螺食谱

福寿螺食用前的处理方法很简单：用清水养一两天，每天换水 1～2 次(换水时略加搓洗)即可食用。

1. 炒福寿螺

【原料】 福寿螺 500 克,豆豉(或海鲜酱)35 克,蒜头 15 克,精盐 5～8 克,鲜紫苏叶 3 克,植物油 25 克。

【制法】

(1)将福寿螺放在盆里用清水泡养 3 天,每天换水 2～3 次,最后把福寿螺刷洗净,剁去螺蒂;把豆豉、蒜头、紫苏叶一起捣成茸。

(2)旺火烧热炒锅,下油 5 克,加入豆豉、蒜、紫苏茸叶爆香,盛起。

(3)洗净炒锅,旺火烧热,下油 20 克,倒入福寿螺,然后将精盐用清水搅匀,淋入锅内炒匀,加盖约 3 分钟,放豆豉、蒜、紫苏茸透炒一次,再加盖约 3 分钟,再炒,直至透熟。

2. 烩烧福寿螺

【原料】 福寿螺 200 克,笋和火腿各 5 克,虾仁 5 克,鸡蛋 1 个,适量葱、姜、黄酒、米醋、胡椒、味精、盐、香油。

【制法】

(1)将福寿螺肉、笋和火腿切成丁。

(2)将福寿螺肉、笋、火腿、虾仁、葱、姜、黄酒、米醋、胡椒、味精、盐一起下锅,加水 500 克,烧熟后加胡椒粉、五香粉少许,再将鸡蛋打成蛋花,蛋熟后加香油起锅入盘。

3. 爆炒福寿螺片

【原料】　福寿螺肉 150 克，笋片 75 克（无笋可用茭白、青椒、莴笋、蘑菇代替），汤料 15 克，猪油 30 克，鸡蛋 1 只，味精、葱、蒜少许，姜末 5 克。

【制法】

（1）将福寿螺肉切成片，放入碗中，加黄酒浸泡，用适量淀粉和蛋清搅拌至每片都均匀粘牢。

（2）炒锅烧热，用食油 250 克，旺火烧至六成热，放入福寿螺片，用手勺推散。当福寿螺片浮起时，倒入漏勺沥去油。炒锅置旺火上，加入汤料、笋片、酱油、红糖、黄酒、味精、盐，滚至入味，淋入湿淀粉拌匀，端锅连翻几下使卤沾匀，加入猪油 20 克，用手勺拌至芡肉包牢，再沿锅边淋 10 克猪油，装盘。

4. 金菇福寿螺丝

【原料】　福寿螺肉 200 克，金针菇罐头 100 克（鲜金针菇也可），芹菜 30 克，大蒜 10 克，胡椒粉、葱、姜、桂皮各少许，盐 3 克，味精 2 克，米醋、黄酒各 15 克，香油 10 克，湿淀粉 5 克。

【制法】

（1）将福寿螺肉切成丝，芹菜切成段，洗净金针菇。

（2）锅烧热，倒入少许香油，放入大蒜末，炒出香味后，投入福寿螺肉丝、金针菇、芹菜段，加盐、味精、胡椒粉炒匀，用湿淀粉勾芡，淋上香油，略翻锅即可装盘。

5. 红烧福寿螺

【原料】 福寿螺肉 500 克,水发冬菇 50 克,净冬笋 100 克,虾肉 20 克,青葱 20 克,清汤 300 克,酱油 30 克,白糖 10 克,味精 2 克,绍酒 10 克,胡椒粉少许,湿淀粉 20 克。

【制法】

(1)将福寿螺肉洗净,把冬菇、冬笋分别切成块;青葱切段,分葱白与青葱节待用。

(2)热锅注入少许油,投入葱白段煸炒出香味,加入福寿螺肉、冬菇、冬笋、虾肉同炒一会儿,烹入绍酒,加酱油、白糖炒上色,注入清汤,文火焖至汤汁浓稠时,捞出,盛入碗中,上笼蒸 1 小时。

(3)取出蒸碗,把福寿螺料倒入锅中,加青葱段、味精、胡椒粉调好口味,用湿淀粉勾芡,淋上少许食油起锅装盘即可。

6. 香椿福寿螺肉

【原料】 熟福寿螺肉 200 克,嫩香椿 300 克,姜末、蒜茸、味精、食盐少量,猪油 500 克(耗油仅 85 克),黄酒 15 克,胡椒粉、香油少许,汤料 35 克,湿淀粉 15 克,虾酱 1 小碟。

【制法】

(1)先将香椿加入食盐少量炒至七成熟取出。在汤料中加入味精、香油、胡椒粉、湿淀粉调成芡汁。

(2)将福寿螺肉片用旺火泡油,迅速取出。再用旺火起锅加入猪油、姜末、蒜茸、香椿、福寿螺肉片,再加少量黄酒、芡汁和香油炒匀即成。上桌时,另端上虾酱小碟。

7. 爆香糟福寿螺

【原料】　活福寿螺 600 克，植物油、香糟各 10 克，火腿、酱油、料酒、葱、姜、胡椒粉各适量。

【制法】

(1)福寿螺洗净，切去尖端，放在清水中浸泡 1 天，使污泥浸出香糟，加水浸泡 30 分钟，用粗布小袋滤出糟汁，弃掉渣滓。火腿切丁。

(2)烧热油锅，兜炒葱姜，倒入福寿螺，加酱油、料酒和水，煮开后，撇去浮沫，加入其他调味料，煮开后搅匀即成。

8. 荷叶蒸福寿螺

【原料】　福寿螺肉 200 克，鲜菇 50 克，冬笋 100 克，大蒜末、酱油各 5 克，黄酒 10 克，盐、味精各 2 克，香油 30 克，胡椒粉、小苏打少许，淀粉适量，新鲜莲叶 1 张。

【制法】

(1)将福寿螺肉洗净切成薄片盛入碗中，加盐、味精、小苏打、酱油、胡椒粉和黄酒，拌匀入味。

(2)把鲜菇切成片，冬笋修成柳叶片同装入碗中，与福寿螺肉拌匀，另加淀粉再拌匀上浆。

(3)将新鲜莲叶入沸水锅中略烫，取出剪成盘子一般大小放于盘上。将福寿螺堆放于荷叶上，撒上葱段，淋上香油，再将剪余的荷叶置于上面，上笼蒸 10～15 分钟取出，拣尽小荷叶片即可上席。

9. 麻辣福寿螺

【原料】 福寿螺肉 200 克,汤料 150 克,红油 30 克,葱花、淀粉各 15 克,食油、大蒜末、豆瓣酱各 10 克,盐 1 克,味精、白糖各 2 克,花椒、辣椒、胡椒粉少许。

【制法】

(1)将热锅加少许食油,放进豆瓣酱、辣椒粉煸炒出香味,注入汤料,放进福寿螺肉,加盐、味精、白糖及大蒜末调味。

(2)文火烧至汤汁浓时,用湿淀粉勾芡,撒上葱花,淋上红油,起锅盛于汤盘中,另将花椒粉、胡椒粉撒在福寿螺肉上即可。

10. 五香福寿螺肉

【原料】 福寿螺肉 300 克,酸萝卜 100 克,葱 50 克,酱油、黄酒、米醋各 30 克,大蒜 20 克,香油 15 克,白糖 12 克,姜 10 克,五香粉 3 克,味精 2 克,芫荽适量。

【制法】

(1)将福寿螺肉洗净放入碗中,加黄酒、香醋和适量的水,上笼蒸烂捞出备用。把葱、大蒜、姜分别切成末。

(2)在热锅内倒入 1 500 克食油至七成热时推入福寿螺肉,炸至酥脆,呈棕褐色时捞出。热锅留少许油,倒入酱油和适量清汤(鸡汤、排骨汤均可),加白糖、大蒜、姜、五香粉调味,放入酥脆福寿螺肉,文火焖至汤汁浓稠,加味精调味,撒上葱花,淋上香油,起锅入盘。凉凉后再在盘边点缀上酸萝卜和芫荽,即可上席。

11. 鸡蛋炸福寿螺

【原料】 福寿螺肉200克,沙茶酱20克,鸡蛋2个,大蒜末10克,葱、姜、桂皮、胡椒粉少许、干菱粉适量,盐、味精各2克,黄酒、红油各5克。

【制法】

(1)将洗净的福寿螺肉装入碗中,加葱、姜、桂皮和适量的水,上笼蒸至稍烂,捞出福寿螺,加盐、味精、胡椒粉、大蒜末,拌匀入味。

(2)将鸡蛋取出蛋清,加入菱粉和适量的盐、味精,调制成泡糊,倒入油锅文火炸至淡黄色,迅速捞出装盘。另取两个小碟分装沙茶酱和红油一并上席。

12. 百花映福寿螺

【原料】 福寿螺肉200克,虾肉150克,鸡蛋4个,芫荽各适量,葱、姜、胡椒粉、桂皮各少许,盐、味精各3克,黄酒、醋各20克,香油10克,湿淀粉15克。

【制法】

(1)将福寿螺肉洗净放入碗中,加葱、姜、桂皮、醋、黄酒和适量的水搅匀,文火蒸1小时,至福寿螺肉稍烂时捞出放入碗中,加盐、胡椒粉、味精、少许蛋清和淀粉拌匀入味;另将虾肉剁成茸,盛入碗中,加盐、味精和适量的胡椒粉、少许蛋清和淀粉搅成百花馅。

(2)取一蒸盘抹上少许食油,将百花馅平摊在盘上,鸡蛋取清打匀,浇于百花馅上,再把福寿螺肉分散地安插在百花馅上,上笼蒸5分钟取出。用餐刀划成块,使每块福寿螺肉粘有一块百花馅。

(3)在热锅内倒入少许清汤,加盐、味精、胡椒粉调好味,用湿淀粉勾芡,淋上香油,浇于百花映福寿螺上,于盘边围上芫荽段,即可上席。

13. 烤福寿螺

【原料】　福寿螺1 000克,大蒜250克,葱、姜、黄酒、精盐、味精、高汤、油适量。

【制法】

(1)将福寿螺洗净泥沙,把肉取出,去肠洗净,加葱、姜等调料上笼蒸熟。

(2)在壳内加上油,再加适量高汤,将福寿螺肉再塞入,用蒜泥封口,在烤炉上烤成金黄色即成。

14. 珍珠福寿螺

【原料】　福寿螺肉200克,糯米50克,鸡蛋1个,大蒜末5克,盐、味精各3克,黄酒、米醋各30克,湿淀粉10克,香油20克,洋葱、胡萝卜、芹菜、胡椒粉适量。

【制法】

(1)将福寿螺肉洗净盛入锅中,加洋葱、胡萝卜、芹菜、米醋、黄酒和适量的水,文火煮30分钟,捞出放在碗里,加盐、味精、胡椒粉、大蒜末和蛋清拌匀上味。

(2)提前将糯米淘洗干净,在水中浸泡1小时捞出晾干备用。将福寿螺肉逐个拌上糯米,整齐排列在盘中,上笼蒸半小时，至糯米熟时取出。

(3)热锅内倒入少许清汤，加盐、味精调好味，用湿淀粉勾芡，淋上香油，将汤浇于珍珠福寿螺上即可上席。

15. 水晶福寿螺冻

【原料】　福寿螺肉 200 克，琼脂 25 克，清汤 500 克，胡萝卜、芹菜各 50 克，香油 30 克，盐、味精适量，葱、姜、桂皮少许。

【制法】

(1)将福寿螺肉洗净后改刀成片装入碗中，加葱、姜、桂皮和适量的水，上笼蒸 1 小时。再将胡萝卜煮熟切成末，芹菜切成末待用。

(2)将琼脂、清汤、盐、味精一同盛入碗中，上笼蒸至琼脂全部溶化，取小酱碟 20 个，分别抹上香油，把福寿螺肉分置于小碟中，徐徐将琼脂汁注入，撒上胡萝卜末和芹菜末，置食物冰箱中冻至琼脂液结成晶体状，取出小碟，将福寿螺冻放入盘中，装盘即可上席。

16. 香菇福寿螺片

【原料】　福寿螺肉 100 克，虾肉 100 克，水发香菇 24 枚(直径均 5 厘米左右)，蛋清、胡椒粉各少许，胡萝卜丝、洋葱丝、芹菜段、葱段、姜末、桂皮各适量，盐、味精各 3 克，黄酒 10 克，淀粉 15 克，香油 20 克。

【制法】

(1)将福寿螺肉洗净盛入锅中，加胡萝卜丝、洋葱丝、芹菜段、葱段、姜末、桂皮、黄酒和适量的水，文火煮 1 小时，至福寿螺肉稍烂时捞出。改刀成片,加适量的盐、味精、胡椒粉、蛋清、淀粉,拌匀入味。

(2)将虾肉剁成泥,加适量盐、味精、蛋清、淀粉、拌成虾茸。将香菇底部修齐,剪掉菇芯。将虾茸镶入菇中,再安入福寿螺肉片 3～4 片,逐个制成,置于盘中,上笼蒸 4 分钟至熟取出。

(3)在热锅内倒入少许清汤,加盐、味精、胡椒粉调好味,用湿淀粉勾芡,烧好后浇于香菇上即可上席。

17. 色拉福寿螺

【原料】 熟福寿螺肉 250 克,熟土豆丁 150 克,少司 200 克,青豆 50 克,盐、胡椒粉各 1 克,青生菜叶、鲜番茄片少许。

【制法】 把福寿螺肉和土豆切成丁,并与青豆、胡椒放在一起,加入少司拌匀装盘,配上青菜叶和番茄片即可。

18. 洋葱炒福寿螺

【原料】 洋葱 2 个,福寿螺肉 200 克,香油 30 克,姜丝、生粉、盐、味精少许。

【制法】

(1)先把洋葱切成条,福寿螺肉切成薄片。

(2)把锅烧热加油,待冒烟时速将福寿螺片、姜丝放入,用猛火快炒后,加入洋葱略炒,再加水调生粉,勾薄芡,放入适量味精即可装盘。

19. 酸菜焖福寿螺

【原料】　福寿螺肉 300 克，腌酸菜 100 克，洋葱、胡萝卜各 50 克，芹菜 30 克，桂皮、干辣椒少许，清汤适量，胡椒粉 3 克，盐 4 克，白糖 5 克，醋 2 克，番茄酱 10 克。

【制法】

(1)将酸菜挤干水分切碎，洋葱切丝炒黄加番茄酱炒至油光铮亮色红时，放上酸菜炒至半熟，移入不锈钢锅内，加入盐、桂皮、胡椒粉和清汤焖热，加白糖、醋调味，制成番茄焖酸菜备用。

(2)将福寿螺肉洗净放入锅中，加水煮一会儿捞出，洗去杂物，撒上盐腌一会儿。热锅倒入少许油，加福寿螺肉煎一会儿，另加适量的水、桂皮和切碎的洋葱、胡萝卜、芹菜和胡椒粉，滚沸后焖 1 小时，至福寿螺肉稍烂时，加盐调味，起锅装盘，盛上番茄焖酸菜一起上席。

20. 宫爆福寿螺丁

【原料】　福寿螺肉 200 克，猪油 80 克，花生米 50 克，青椒丝、银芽(绿豆芽去瓣留茎)少许，姜片、葱段、蒜泥、料酒、酱油、白糖、米醋、辣椒粉、豆瓣酱、味精、淀粉适量。

【制法】

(1)将福寿螺肉切成黄豆大小的肉丁，用碗将料酒、酱油、糖、醋、胡椒粉、味精、淀粉搅调成料汁。

(2)锅内放猪油，烧至七成热，将福寿螺肉丁、花生米放在漏勺中从油锅里过一下。原锅余油放辣椒粉、姜片、葱段、蒜泥、豆瓣酱，炒出香味溢出红油时，将福寿螺丁、花生米入锅，倒入料汁，翻炒入盘。另将青椒丝、银芽少许围于周围。

21. 油炸福寿螺肉

【原料】 1 000 克福寿螺肉，1 杯菜油，半杯玉米淀粉或面粉，1 茶匙黑胡椒粉，1/4 杯酱油，3 茶匙醋，3 个丁香蒜头，1～2 个红辣椒，半茶匙明矾，1 个鸡蛋。

【制法】

（1）收集 4～6 千克的福寿螺，可提取大约 1 千克的肉干。

（2）把福寿螺浸泡在自来水中 24 小时，以除去未消化的食物。也要去掉漂浮在水面上的死福寿螺。

（3）把福寿螺放在火上，在罐子里闷 20～30 分钟。

（4）然后提取、清洗福寿螺肉，用明矾漂洗福寿螺肉以除去难闻的气味。

（5）把所有的调味品与福寿螺混合，浸泡 24 小时。

（6）把浸泡过的福寿螺放在太阳下晒 2～3 天，或者把它放在 40 ℃的烤箱中烘 4～8 小时。

（7）准备好的福寿螺风干 3 天。

（8）在植物油中油炸 2 分钟。

（也可用另一种方法：在最后的烹饪前，放在玉米淀粉或者面粉与鸡蛋的混合物中转动福寿螺肉。在最后烹饪时，再油炸 5 分钟或者油炸到它脆为止。在吃前先凉一下。）

22. 蜜汁福寿螺串(用竹签)

【原料】　福寿螺肉 250 克,荸荠 100 克,洋葱、青椒各 50 克,竹签(15 厘米长)20 根,鸡蛋 1 个,菱粉适量,小苏打少许,盐 3 克,味精 2 克,蜂蜜 60 克,湿淀粉 10 克,胡椒粉少许。

【制法】

(1)选形体较小的福寿螺肉洗净装入碗中,加盐、味精、胡椒粉、蛋清、小苏打和菱粉拌匀入味。荸荠、洋葱、青椒分别切成 1 厘米见方的丁,取竹签分别依次逐个穿上荸荠、福寿螺、洋葱、福寿螺、青椒、福寿螺、荸荠,制成生坯。

(2)将食油 1 000 克倒入热锅中,至七成热时迅速推入生坯,过油约半分钟捞出。在热锅内留少许油,倒入蜂蜜,加少许水和盐,至沸腾后用湿淀粉勾芡,推入福寿螺串,翻锅拌匀芡汁,淋上少许食油,装盘即可上席。

23. 烤福寿螺肉

【原料】　福寿螺肉 250 克,虾肉 150 克,肥猪肉 50 克,猪网油(俗称“花油”)1 张,鸡蛋 1 个,荸荠、酸萝卜各 50 克,胡萝卜末 30 克,葱末 10 克,芫荽段少许,淀粉适量,盐、味精、白糖各 3 克,黄酒 15 克,胡椒粉少许,花椒盐 10 克。

【制法】

(1)将洗净的福寿螺肉、虾肉、肥猪肉、荸荠、胡萝卜分别剁成末,一并放入碗中,加盐、味精、黄酒、胡椒粉、葱末、鸡蛋、淀粉拌匀,制成馅料。

(2)将猪网油四边叠起包住馅料,制成生坯。将烤炉预热至 280 ℃,将生坯置于烤盘上烤 15 分钟,成金黄色取出,改刀成块装盘,于盘边点缀上酸萝卜和芫荽段,用一小碟盛上椒盐一起上席。

24. 阳朔螺鸡

【原料】　柴鸡 1 只,福寿螺 500 克,泡椒、薄荷叶、猪肉馅、姜、葱、蚝油、盐、鸡精、鸡汤、酱油、食用油适量。

【制法】

(1)福寿螺洗净,去壳口盖将肉挑出,剁成蓉和猪肉馅拌匀;

(2)再将调好的馅塞进福寿螺里,姜切成片,葱切成段;

(3)坐锅点火倒油,待油热后倒入泡椒、姜片、葱段、鸡块、福寿螺、鸡汤、盐、蚝油、酱油、鸡精,小火煨 15～20 分钟即可。

25. 芦笋香槟福寿螺

【原料】　青芦笋 12 支,洋葱碎 600 千克、罐装福寿螺 12 粒,红葱碎 10 千克,培根 2 片,面糊 120 千克,白酒 60 千克,牛高汤 150 千克,芝麻 10 克,盐及胡椒、鲜奶油各少许。

【制法】

(1)青芦笋切段烫熟铺于盘底备用。

(2)将洋葱碎、红葱碎、培根碎炒香,再加入福寿螺及调味料同煮拌匀盛起,淋于芦笋上。

(3)芝麻入烤箱烤至金黄色取出撒在芦笋上即可。

26. 寿螺嵌肉蓉

【原料】 活福寿螺 20 只，熟香肠 50 克，猪肉糜 30 克，洋葱 50 克，精盐少许，糯米 150 克，姜末 10 克，黄酒 20 克，酱油 15 克，白糖 15 克，味精 8 克，精制油 50 克。

【制法】

(1)糯米淘洗干净，放清水里浸泡 4 小时备用。熟香肠切成小末，汤葱也切成米粒大小的末，放入炒锅里加 50 克花生油炒香、炒黄成洋葱油备用。

(2)猪肉糜加姜末、绍酒各 15 克、酱油、盐、白糖、味精和洋葱油拌匀，分成 2 份备用。

(3)福寿螺洗净泥沙，剪去螺壳尖，剥下螺厣，用铁针把螺肉挑出，把螺肉切成米形小粒，加绍酒、肉馅 1 份一起拌匀成螺肉馅备用。把肉馅装入螺壳内，螺厣用热水洗净，盖在螺壳上，螺口朝上摊放在汤盆里，撒上些葱段姜片。

(4)另取 1 份肉馅挤成小丸子，放入浸胖的糯米里滚一滚，粘满糯米后排入另 1 只平盆里，与福寿螺嵌肉一起送蒸锅里蒸约 15 分钟，蒸熟立即取出，福寿螺装入大盆中央，把糯米肉丸围放在福寿螺周围。

27. 粟米煲螺

【原料】 粟米 500 克，福寿螺 500 克，盐、鸡精、熟油适量。

【制作】

(1)将福寿螺放在胶袋内，用刀拍碎，然后洗净拣出螺肉，螺肉用盐涮洗 1 次,然后用水冲洗。

(2)粟米洗净斩段,加螺肉及清水煲 40 分钟,调入盐、鸡精、熟油即可。

28. 蘑菇炒螺肉

【原料】 福寿螺肉 90 克,蘑菇 50 克,姜丝葱花少许。

【制作】

(1)选肥大福寿螺,用清水养过,去净污泥,用水略煮捞起,去壳取肉;蘑菇洗净,削去根部污泥,用开水焯过,沥干水分。

(2)起油锅,下姜丝爆香螺肉,取出备用。

(3)另起油锅,放入蘑菇,调味,溅酒,放入螺肉略炒,下葱花,用湿粉打芡,炒匀即可。

29. 胡萝卜煲福寿螺

【原料】 胡萝卜 200 克,福寿螺肉 100 克,绍酒 10 克,姜 5 克,葱 5 克,盐 5 克,酱油 5 克,白糖 10 克,素油 30 克。

【制作】

(1)把胡萝卜洗净,切 4 厘米见方的块;福寿螺肉用清水漂去泥,洗净,切片;姜切片,葱切段。

(2)将炒锅置武火上烧热,加入素油,烧六成熟时,下入姜、葱爆香,随即加入福寿螺、胡萝卜、盐、白糖、酱油,水 300 毫升,用武火烧沸,文火煲 30 分钟即成。

30. 白蜜福寿螺

【原料】 鲜活福寿螺1 000克,蒜米、生油、白糖适量,味精、香油少许。

【制作】

(1)福寿螺洗净,在80 ℃热水锅中汆一下,取出用竹签挑出螺肉,洗净污渍(特别螺头部泥渍)。

(2)清水烧沸,将洗净的螺肉放入锅汆一下放碗中,加蒜米及各种辅料拌匀,装盘即成。

31. 蚝香福寿螺

【原料】 吐净沙的福寿螺500克(连壳),蚝油10克,姜、蒜末共5克,葱花3克,酒、上汤、白糖、老抽、味精、胡椒粉各适量。

【制作】

(1)用螺钳去尾部,洗净滤干水分。

(2)热锅炸油,放姜蒜末、葱花爆香后,倒入滤干水分的螺,潜酒略炒,放上汤少许,调入味料加盖(约3分钟)至仅熟,打芡加包尾油上碟便成。肉爽脆,味香浓。

32. 白灼福寿螺

【原料】 吐净沙的福寿螺500克,虾酱10克,姜丝5克,蚝油3克,姜片两片,长葱段两条,高汤750克,酒少许。

【制作】

(1)将虾酱、蚝油分别用小碟盛好,加上姜丝,潜入滚油,成为佐料与螺一起备用。

(2)猛锅落油搪匀,爆香姜葱,潜酒放高汤,加盖烧滚后,放螺灼至仅熟,捡去姜葱上碟便成。清爽鲜甜,配以佐料进食更有情趣。

三、福寿螺药膳

福寿螺肉具有清热明目、利水通淋等功效,对目赤、黄疸、脚气、痔疮、反胃吐食、胃脘疼痛、泄泻、便血、小儿惊风、脓水湿疮等疾病有一定的治疗作用。

1. 治疗腋臭方

【原料】 龙眼肉核、胡椒各等量,福寿螺适量。

【制法】 将前两味药共研为细末,同福寿螺共捣成糊,涂腋下。

2. 治疗传染性黄疸型肝炎、慢性肝炎、早期肝硬化方

【原料】 福寿螺500克,鸡骨草50~100克。

【制法】 福寿螺水中养2~3天,使其排尽污泥废物,然后将福寿螺尾部敲去少许,与鸡骨草同煮汤服食。每日1次。

3. 治疗小便不利、白浊方

【原料】 福寿螺250克,油、食盐、大蒜头少许。

【制法】 福寿螺洗净,去尾部,入热油锅内,略炒片刻,加入大蒜头少许,食盐调味,加水煮熟,用针挑出螺肉食用。

4. 治疗黄疸方

【原料】 福寿螺肉 100 克，茵陈 12 克，溪黄草 30 克，田基黄 30 克。

【制法】 福寿螺洗净，去尾部，与药同煎，每日 1～2 剂。

5. 治疗菌痢方

【原料】 福寿螺 500 克。

【制法】 挑出螺肉，晒干，炒焦，水煎服，每次 10 克，每日 3 次。

6. 治疗湿热黄疸、小便不利、消渴病方

【原料】 福寿螺 15 个，米酒半小杯。

【制法】 福寿螺养于清水中漂去泥，取出螺肉加入米酒半小杯拌和，再放入清水中炖熟饮汤，每日 1 次。

7. 治疗宫颈癌、胃癌方

【原料】 苣荬菜 150 克，福寿螺肉 75 克，香油、调味品各适量。

【制法】 苣荬菜、福寿螺肉洗净。锅中放油烧热，先下福寿螺肉略炒，加入苣荬菜、调料翻炒出锅。

8. 治疗大、小便不通方

【原料】 福寿螺肉数个，食盐少许。

【制法】 福寿螺、食盐共捣烂，敷脐下石门穴上 1 小时，或贴脐中、气海丹田穴。

9.治疗痔疮方

【原料】 福寿螺、明矾粉各适量。

【制法】 福寿螺洗净砸烂,加入适量明矾粉,待上面出现一层清液后,用药棉蘸液涂擦患处。

10.治疗急性黄疸型肝炎体弱血虚方

【原料】 淡豆豉30克,福寿螺肉100克,番茄100克,白糖10克,姜5克,葱5克,盐5克,素油30克。

【制法】

(1)把淡豆豉洗净;福寿螺用清水漂去泥,洗净,切片;番茄洗净,切片;姜切片,葱切段。

(2)把锅置武火上烧热,加入素油,烧六成热时,加入姜、葱爆香,下入福寿螺、盐、糖,注入清水600毫升,用武火烧沸,加入番茄,煮8分钟即成。每日1次,每次吃福寿螺50克,随意吃番茄、喝汤。

11.治疗水气浮肿方

【原料】 用大福寿螺、大蒜、车前子等份。

【制法】 福寿螺、大蒜、车前子捣成膏,摊贴脐上,水排出,肿即消。

12.治疗急性黄疸型肝炎并患有肾病方

【原料】 枸杞子20克,福寿螺肉100克,小白菜200克,姜 5 克，葱 5 克，盐 5 克，素油 30 克。

【制法】

(1)枸杞子洗净，去杂质；福寿螺肉清水漂去泥，洗净，切片；小白菜洗净，切 5 厘米长的段；姜切片，葱切段。

(2)把炒锅置武火上烧热，加入素油，六成热时，下入姜、葱爆香，加入福寿螺炒匀，注入清水 500 毫升，用武火烧沸，加入盐、小白菜；用文火煮 6 分钟即成。每日 1 次，每次吃福寿螺肉 50 克，随意吃小白菜、喝汤。

13. 治疗急性黄疸型肝炎，小便不利、烦渴方

【原料】 福寿螺 20 个，冰糖 60 克，黄酒 30 克。

【制法】

(1)把大福寿螺养清水中 3 日，漂去泥，取出福寿螺肉，加入黄酒拌和，腌渍 20 分钟。

(2)把冰糖打碎；福寿螺肉切薄片，放入炖杯内，加水 300 毫升。

(3)把炖杯置武火上烧沸，再用文火煮 25 分钟，下入冰糖使溶即成。每日 2 次，每次吃福寿螺肉喝 1/2 汤。

下　篇

田螺养殖

第六章　田螺概述

田螺(Field snail)为腹足纲中腹足目，田螺科可食性水生动物的总称(图 19)。

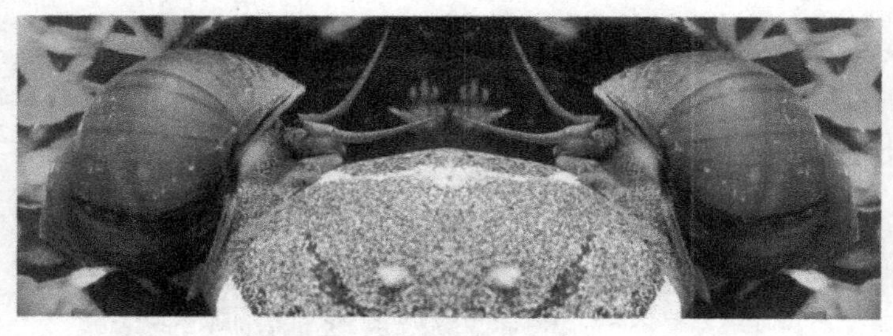

图 19　田螺

我国田螺科分田螺属和圆田螺属两个属：田螺属，螺层不膨胀，具有螺旋色带，如长螺旋圆田螺、胀肚圆田螺、乌苏里田螺；圆田螺属，贝壳表面光滑，螺层膨胀，有中华圆田螺和中国圆田螺两种。

田螺是我国产的一种淡水螺，是上等保健食品。近几年，随着田螺天然产量日渐减少，田螺市场不断看好。目前许多地区开始人工养殖,不少农户把养殖田螺作为一项新的创业门路,加以大力发展。

一、田螺品种

我国常见的和经济价值较高的田螺有如下几种。

1. 中华圆田螺

中华圆田螺(图 20)又名香螺,是中国常见的种类,广泛分布于各地,淡水湖泊、水库、稻田、池塘沟渠等均产,在我国华北、黄河平原、长江流域一带常见。

图 20　中华圆田螺

中华圆田螺贝壳大,薄而坚。体型较小,壳高 5 厘米,宽

4 厘米，呈卵圆形。螺层 6～7 层。螺旋部较短而宽，体螺层特别膨圆。壳顶尖，缝合线深。壳面绿褐色或黄褐色。亮口卵圆形，周围具黑色框边。外唇简单；内唇厚，遮盖脐孔。厣角质。栖息于湖泊、沟渠、池塘和稻田内。对干燥和寒冷适应力强，能将身体缩入壳内，用厣封闭壳口，缩入土内，待环境适宜时再爬出活动。中华圆田螺肉质厚实，营养丰富。据测定，中华圆田螺鲜肉中蛋白质含量为 11.0%，脂肪为 0.2%，无氮浸出物为 20.1%，灰分为 15.1%，钙为 4.9%，磷为 0.32%。

2. 中国圆田螺

中国圆田螺贝壳大，壳高 6 厘米，宽 4 厘米（图 21）。呈长圆椎形，壳薄而坚，壳呈黄褐色或深褐色。螺层 6～7 层，表面略膨大，螺旋部发达，体螺层膨大，缝合线深。壳口卵圆形，上方有一锐角，周缘具有黑色框边，外唇简单，内唇增厚，上方稍向螺轴外伸出一白色遮缘，部分或全部遮盖脐孔。脐口部分被内唇遮盖而呈线状，或全部被遮盖。厣角质，卵圆形，棕褐色，有环纹，核靠近内唇中心处。常栖息于湖泊、池塘、水田及缓流的小溪内，在我国分布广泛。

中国圆田螺的繁殖季节为 4～8 月，交配多在白天进行，时间不固定，长者可达 12 小时。雌螺产仔多在夜间。6～7 月产仔最多，育儿囊内怀胚螺数平均 30 余只，最多可达 60 余只，发育成成熟仔螺后陆续产出体外，自由生活，仔螺生长 1 年可发育成成螺。成螺肉味鲜美，营养价值较高。

图 21　中国圆田螺

3. 胀肚圆田螺

胀肚圆田螺贝壳大，呈圆椎形。螺层 7 层，各层增长迅速，表面甚膨胀，壳顶尖，缝合线深。壳面呈黑褐色，具有许多四方形的凹陷，故又称为“麻子圆田螺”。分布于我国西南部。

4. 长螺旋圆田螺

长螺旋圆田螺，又称石螺。贝壳大，呈长圆锥形。螺层 7 层，各层缓慢增长，表面皆膨胀，壳顶钝，螺旋部高，其高度约占全部壳高的 1/2 强。

壳面为黄绿色或绿褐色，顶部螺层表面光滑，最末两个螺层上生长线明显，并具有斑痕，在体螺层上有条不明显的螺肋。分布于我国西南部。

5. 乌苏里田螺

乌苏里田螺又称大田螺，贝壳大，壳质薄，呈卵圆锥形。螺层分 7 级，各层膨度不大。体层大，占壳高的 2/3。壳表平滑，具有光泽，呈绿褐色。壳口为卵形，内部带青白色。

二、田螺的经济特性

田螺属软体动物腹足纲田螺科，是一种体外裹着一层锥形或纺锤形硬壳的软体动物。在国内外市场上销售的食用田螺的主要种类为中华圆田螺，因此本书主要介绍简称为田螺的中华圆田螺的养殖技术。

田螺在河滨、池塘、沟渠、水田等均有分布，具有繁殖能力强、生长速度快、产量高、易于饲养管理等优点。田螺的个体大，重量可达 10～15 克。

1. 营养价值

田螺肉是一种营养丰富的天然保健食品，有“美容食品”之称。

(1)田螺肉质丰腴细腻，味道鲜美，清淡爽口，既是宴席佐肴，又是街头摊档别有风味的小吃，是我国城乡居民十分喜欢的一种美味佳肴，素有“盘中明珠”之美誉。

(2)田螺肉淡白，味鲜美，营养丰富，其中含有蛋白质达 10.3％，脂肪含量 1.2％，还有人体必需的 8 种氨基酸、糖类、矿物质、维生素 A、维生素 B_1、维生素 B_2、维生素 D 和多种微量元素，是一种营养价值极高的动物性天然食品，其营养成分的含量和组合优于鸡、鸭、鹅肉等，在常见的 60 多种水生动物中，其营养价值仅次于虾，是群众喜爱的水产品。近年来养螺业已成为许多地区农民发家致富的又一条新路，目前大量出口日本。

表 4　每 100 克田螺肉的营养价值

蛋白质	18.2 克	钙	1 357 毫克	维生素 A	0.6 毫克
脂肪	0.6 克	磷	191 毫克	维生素 B	0.4 毫克
铁	22 毫克	热量	69 千卡		

2. 药用价值

田螺不仅是餐中美食，而且是一味天然良药。我国民间用田螺防治疾病的历史十分悠久。

田螺外壳和肉均可入药。田螺肉性甘、咸、寒、无毒，和胃，止泻，止血，化痰，具有清热明目、利水通淋等功效，对目赤、黄疸、脚气、痔疮、反胃吐食、胃脘疼痛、泄泻、便血、小儿惊风、脓水湿疮等疾病有食疗作用。

明代龚延贤在《药性歌括四百味》中就有记载："田螺性寒，利大、小便，消食除热，醒酒立见。"

李时珍在《本草纲目》中也记载："(田螺)利湿热，治黄疸。"

《本草拾遗》中记载，田螺"利大小便，去腹中结热，脚气，小腹硬结，小便赤涩，脚手浮肿。"

现代医学研究还发现，田螺可治疗细菌性痢疾、风湿性关节炎、肾炎水肿、疔疮肿痛、中耳炎、佝偻病、脱肛、狐臭、胃痛、胃酸、小儿湿疹、妊娠水肿、妇女子宫下垂等多种疾病。螺类所含热量较低，也是减肥者的理想食品。

3. 优质的蛋白质饲料

田螺也是一种高营养的动物蛋白饲料。田螺壳中矿物质含量高达 88%，其中，钙占 37%，钠占 4%。同时，还含有多种微量元素。田螺味腥，含有盐分，适口性强，畜禽爱吃。在饲养实践中，可作为矿物质添加剂饲养畜禽。

(1)田螺可作为肉食和杂食性动物的饲料。池塘中饲养的青、鲤、桂花、淡水白鲳、甲鱼等，都喜欢吃幼小的田螺。

(2)螺肉含蛋白质、脂肪、磷、钙、铁、维生素 A、维生素 B_2 以及多种微量元素，是一种营养价值较高的动物性饵料。

(3)由于田螺肉内含有较丰富的赖氨酸和禽畜可消化的蛋白质，所以鸭子也喜欢吃食，尤其是下蛋的鸭多吃田螺肉，对提高产量、少产软壳蛋起到极其重要的作用，且蛋质更鲜美(螺、蚌等软体动物的内脏中，均含有较多抗硫胺素，如果长期或大量用以生喂畜禽，亦可能引起饲养对象机体内糖代谢紊乱。所以，在利用此类动物作为补充饲料时，均应进行蒸煮或烘干加热，以分解其中的有害有毒成分，避免给畜禽机体带来的危害。特别是雏禽，尤为敏感，最易受其害)。

4. 调节水质

田螺也喜欢在偏肥的池塘水中生活，除吃食青料外，也吃食池塘中的杂质、碎屑、有机质等,对肥水塘水质的调节有重要作用,浑浊的池水养殖田螺后,可变得清爽、肥度适宜,利于各种鱼类生长。

5. 经济价值

田螺肉含有丰富的蛋白质、维生素和人体必需的氨基酸和微量元素,是典型的高蛋白、低脂肪的天然保健食品。因其富含蛋白质、脂肪、磷、钙、铁、维生素 B 以及丰富的维生素 A 等,颇受群众欢迎,出口主要输往日本。

田螺是淡水中的一种较大型螺类,除能直接供人类食用或加工成罐头食品外,还可作为黄鳝、鳖、龟、蛙等名特水产优质动物性高蛋白饲料的一个重要来源。

6. 饲养条件简单

田螺对环境要求不高,湖泊、池塘、水田、沟港,只要有浅水和污泥,都能生长发育。

田螺养殖投资少,技术比较简单,疾病少,苗种来源容易,适宜家庭饲养,也是稻田养殖的一个好品种。

三、生活史

田螺雌、雄异体,它们繁殖时需要交尾,是卵在母体的育儿室里受精发育,等小螺长成以后再排出体外的卵胎生动物。

田螺的一生要经过仔螺、幼螺、中螺、成螺 4 个生长阶段(图 22)。

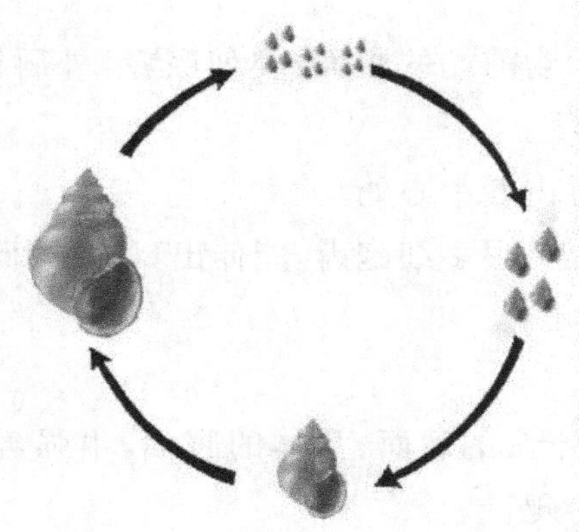

图 22　田螺生活史

四、形态特征

在动物分类学上，田螺隶属于软体动物门、腹足纲、中腹足目、田螺科。田螺贝壳较大，贝质坚厚，边缘轮廓近菱形，中间膨胀。

田螺的身体外有一螺壳，身体由若干螺层组成，最后一个螺层宽大。在壳轴的底部，螺层向内略凹的部位称为脐。在足的后端背面具有一个由足腺分泌的厣，当身体收入壳内时，由厣封闭壳口。

田螺由头部、足部、内脏囊、外套膜和贝壳 5 个部分组成。

1. 头部

(1)田螺足的前方为头部，头上长有口、眼、触角以及其他感觉器官。

(2)口位于吻前端的腹面,类似吸盘,外唇简单,内唇厚,可用来捕捉食物。

(3)腭靠近内唇中心处。

(4)齿舌上有很多细胞齿,能伸出口外,磨碎食物。

2. 足部

田螺足位于头的后面、身体的腹面,由强健的肌肉组成,特别发达,适于爬行。

3. 内脏囊

内脏囊在身体的背面,包括心脏、肾脏、胃、肠和消化腺等内部器官。

4. 外套膜

外套膜由内、外两层表皮和其间的结缔组织及少许肌肉组成,包被在体躯的背面或侧面,往往包裹着整个内脏及鳃、足等,像披在身上的外套,起着保护身体的作用。

(1)外套膜包围着的空腔,称为外套腔,腔内除鳃外,还是消化、排泄、生殖等器官的开口。

(2)外套膜薄而透明,包裹整个内脏囊。外套膜表面多密生纤毛,借其摆动,可激动水流在外套腔内流动,使鳃不断与新鲜水流接触,进行气体交换。

(3)田螺的呼吸器官主要为鳃,鳃着生在外套腔的左边,水从入水管进去,再经鳃从出水管出来。水的流动多由外套膜的活动引起，外套膜上也密布有血管，因而具有一定的呼吸功能。脐口部分被内唇遮盖而呈线状，或全部被遮盖。

(4)脐孔大且深，螺口为卵圆形，覆有角质厣保护，厣为褐色角质薄片，具同心圆生长纹，厣核偏向螺轴一侧。

(5)雌雄异体，雄螺生殖孔开口于交接器顶端，雌螺生殖孔开口于外套腔。

5. 贝壳

田螺贝壳大，壳高 6 厘米，宽 4 厘米(图 23)。

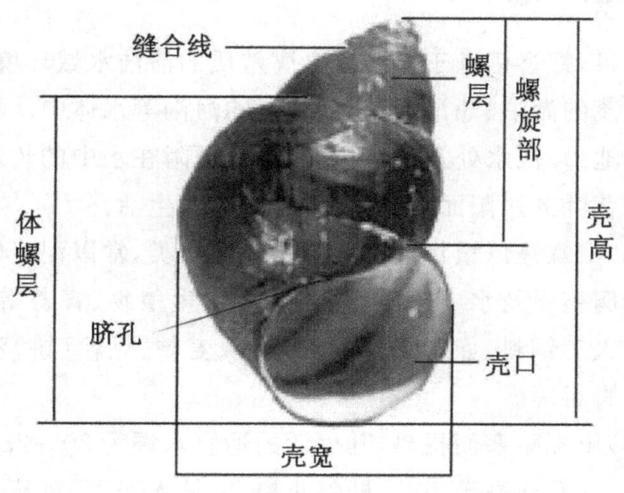

图 23　贝壳

田螺壳薄而坚，呈长圆锥形；有 6～7 个螺层，各螺层增长均匀迅速;螺旋部高而略尖,螺体层膨圆,缝合线深;壳表光滑呈黄褐色或深褐色;生长纹细密。壳口卵圆形,上方有一锐角,周围具黑色边框。

五、生物学特性

常见的经济价值较高的种类有:中华圆田螺、中国圆田螺、胀肚圆田螺、长螺旋圆田螺和乌苏里圆田螺,其中中华圆田螺个体大、生长快,是最适合进行人工养殖的品种。

1. 生活习性

(1)田螺喜栖息于底泥富含腐殖质的清洁水域环境中,如水草繁茂的湖泊、池沼、田洼或缓流的河沟等水体中。喜集群栖息于池边、浅水处及进水口处,或者吸附在水中的竹木棍棒和植物茎叶的避阳面,也能离开水域短时生活。

(2)田螺是以植物性为主的杂食性螺类,常以泥土中的微生物和腐殖质及水中浮游植物、幼嫩水生植物、青苔等为食,也喜食人工饲料,如蔬果、菜叶、米糠、麦麸、豆粉(饼)和各种动物下脚料等。

(3)田螺耐寒而畏热,其生活的适宜水温为20～28 ℃,水温低于10 ℃或高于30 ℃即停止摄食,钻入泥土、草丛避寒避暑。当水温超过40 ℃,田螺即被烫死。

2. 水质要求

田螺对水质要求较高,喜欢生活在水质清新、含氧充足的没有污染的河川、沟渠水域，特别喜欢群集于有微流水、水深30厘米左右的地方。因为这些水源水温适当，又含有丰富的溶氧和天然饵料。田螺对溶氧量较敏感，含氧量低于3.5毫克/升时摄食不良，含氧量低于1.5毫克/升时开始死亡。适宜pH为7～8。

(1)在田螺的饲养管理过程中，一般要求每周换水2次。因为田螺的耗氧量很高，对氧的需求量大，加之田螺又怕暑热等，所以要经常使池水不断地流动，以调节水温和增加水体中的溶氧量。

(2)pH偏低时，每平方米施生石灰0.15～0.18千克，隔10～15天施1次。

(3)pH偏高时，每平方米池中施入0.05～0.06千克的干鸡粪，每隔10天施1次，连续施2～3次。严禁在养螺田内施农药，或带有农药的水源流入。

3. 水面选择

田螺对水面要求不高，只要排注水方便，经常保持水质清新的湖泊、池沼、水田及沟港，养殖水深保持20～30厘米。冬季为了提高水温，可适当调节。这些水量，不仅是田螺生活所需，也有防御敌害的作用。

田螺喜栖息于冬暖夏凉、土质柔软、饵料丰富的湖泊、河流、沼泽地和水田等环境，特别喜集于有微流水之处。当干旱时，它将软体部完全缩入壳内，借以减少体内水分蒸发；在寒冷期即钻入泥中呈休眠状态，一旦环境适宜时，将头足伸出壳外爬行。

4. 土质

田螺基本生活于有腐殖质泥土的水中，腐殖质不仅是田螺的一种饵料，也可供其掘穴避开强光及过高、过低的温度。

5. 水温

田螺耐寒能力强，当冬季天气寒冷的时候，田螺用壳盖钻掘 10～15 厘米的洞穴，而潜入其中越冬，静止不动，只要有水就不会死亡。

田螺养殖最适水温为 20～28 ℃，这时摄食旺盛。当水温升至 30～33 ℃时，田螺便潜入土中避暑，不食不动，也不成长，肉质也变硬乏味，所以必须注意把水温调节在 28 ℃以下。如果水温超过 40 ℃，没有遮荫防暑的设施，田螺往往会被烫死。低于 8 ℃便潜入泥穴中冬眠，来年开春水温回升到 15 ℃左右才重新出穴活动和摄食。

6. 食性

田螺喜栖于质地松软、饵料丰富的土壤环境，主要摄食繁殖于水底的动植物和腐败的有机物。一般人认为田螺摄食泥土，其实不然，它是将微生物或腐败物连同泥土一并索食。

田螺为杂食性，在天然水域中摄食水生生物及腐败有机质，在人工养殖天然饵料不足时，可投喂青菜、米糠、麦麸、菜饼、豆渣、菜叶、浮萍、动物尸体和下脚料等人工饲料。

田螺摄食时，用其齿舌舔食饵料，所以投喂固体饵料时，必须泡软，以适于舔食。投饵时，应将鱼杂、动物内脏和肉以及青菜等切细，用米糠搅拌均匀后投喂。

每次的投饵量为田螺重量的10%～30%，投饵时间是在晚上7点后到次日上午9点间。若发现养殖池中的田螺其厣收缩后肉质溢出于外面者为缺乏钙质，可在饵料中掺入贝壳类的粉末。若其厣深入螺壳内里者，则为饵料不足所致，应增加投饵量。

7. 逃逸性

田螺具有逃逸的习性，善于利用其特有的吸附力，逆水流而逃往他处，或是顺水流辗转逃走，所以养殖田螺也应注意防逃。

六、生殖习性

春末夏初，水温上升到15 ℃左右，田螺从越冬的孔穴中爬出泥底，摄食生长。

田螺每年的繁殖高峰期分为三个阶段，一般从4月份开始繁殖，6月上旬、8月中旬和9月下旬是繁殖旺盛季节，一直到10月份结束。

(1)雄性田螺的生殖器官由精巢、输精管和阴茎组成。精巢位于外套腔的左侧，交配器官包裹在右触手内，其生殖孔开口在右触手的顶端。

(2)雌性田螺的生殖器官是由卵巢、输卵管和子宫组成。子宫很大，在繁殖季节中常有许多不同发育时期的仔螺。

(3)田螺是一种卵胎生动物，其生殖方式独特，卵在输卵管内受精，在子宫内发育成螺，然后将仔螺产出。

田螺的初产龄为1年龄，15 ℃以上开始繁殖，每只每次产小螺20～30个，4龄以上的种螺可产40～50个，5龄以上的可产50～60个。产仔数量与种螺年龄及环境条件有关。从受精卵到仔螺的产生，大约需要在母体内孕育1年时间。

(4)每年3～4月份，田螺开始繁殖，由此而变得活泼并频繁地交配。当看到雌、雄田螺相抱而上下横转，即是田螺交配时候的动作。精子和卵子在输卵管的顶端部位受精，受精卵经过囊胚、原肠期，再经过轮幼虫、面盘幼虫的发育阶段，最后发育成仔螺。田螺的胚胎发育直至仔螺发育都是在螺体内进行的，故田螺为卵胎生。

(5)7～8月间为田螺的生殖旺盛季节，将次年要生产的仔螺孕育在腹中，于次年3～4月份将仔螺产出，之后再进行交配，又在其体内孕育仔螺。

(6)田螺群体中，雌螺往往多于雄螺，在100只田螺中，雌螺占75%～80%，而雄螺只有20%～25%。在生殖季节，由于雄螺频繁地与雌螺交配，因而雄螺的寿命只有雌螺寿命的一半。雄螺的寿命一般只有2～3龄，而雌螺的寿命可达4～5龄，有的雌螺寿命能达到6龄以上。

(7)产出15～20天后的仔螺，每只重0.025克。早期产下的仔螺当年可以生长到体重6～8克，人工养殖时可以达到12～15克，尤其最初3个月的成长较快。

第七章　田螺的人工养殖

田螺适应能力强，疾病少，只要避开大量农药、化肥毒害，平坦的河渠、溪滩、坑、稻田、池塘等平常水体都可放养。如开挖专池饲养则选择水源方便、为腐殖质土壤的地点修建池塘（如土壤不适宜，则最好先施放混合堆肥加以改良）。

田螺具有繁殖能力强、生长速度快、产量高、易于饲养管理等优点。

一、场地选择

田螺生活力强，疾病少，对环境要求不严。

1. 养殖池选择

（1）田螺的养殖方式在幼螺阶段可以用小池、缸盆饲养，成螺阶段可建池单养，也可利用水泥池、池塘、水渠、稻田、洼地、沼泽地、菜畦、木桶、缸、大盆等放养，还可在池塘、沟渠和稻田中同鱼一起混养，规模可大可小。

（2）养殖田螺的场所，也要求水源条件好，最好能有微流水注入。其土质以腐殖质土壤为好,也可用鸡粪、猪粪、牛粪改良,或投入稻草,使其腐败而改良土质。含硫黄或铁质较多的土质不适合养殖田螺。

(3)池塘、沟渠、堑坑等须先排干水,用石灰清除一切敌害,然后灌水 7 天,干涸 1 天,再灌入清水并放螺。进、出水口均设纱网防逃,并注意清除附近水鼠、水禽、黄鳝等敌害。

2. 养殖水体

(1)养殖水体要求无毒无污染,如利用稻田养殖田螺,只是要注意尽量避免使用农药或使用高效低毒农药,也不能犁耙。

(2)由于田螺对水中溶氧量非常敏感,当溶氧量在 3.5 毫克/升时,就不大摄食;溶氧量降至 1.5 毫克/升时,就会死亡,所以养殖用水必须清新,能用半流水式养殖较为理想。

(3)田螺在没有大量农药、化肥毒害的河渠、溪滩、坑、稻田、池塘等平常水体都可放养,最好选择在三面靠山之处,或溪流两旁,或莲藕池的周围。如开挖专池饲养则选择水源方便、为腐殖质土壤的地点修建池塘(如土壤不适宜,则最好先施放混合堆肥加以改良)。

(4)保持底泥厚度 10～15 厘米,面积大小不限。若是开阔的水体,水面可培植少量红萍和水莲等,池塘四周种植一些长藤瓜菜搭棚遮荫,水中布置竹尾、树枝或石块、草地等供田螺隐蔽栖息。

(5)田螺投放前 10 天,按每亩 50～100 千克的用量全池泼撒生石灰清除野鱼虾和其他杂螺,7～10 天后在水体中堆放有机肥料和繁殖饵料生物供田螺摄食。

(6)养殖田螺的池中,需要浅水,而水浅容易使水温升高(特别是在夏季),导致池水中氧气缺乏。因此,养殖池最好能保持微流水,这就需要修建注水口和排水口,而且要在各水口安装好尼龙网拦设施,以防田螺随水流而逃逸。

(7)如果利用泉水或井水养殖田螺,同样也需要采取增氧措施。

二、养殖方式

田螺抗逆性强,疾病少,繁殖率高,对养殖场所要求不高,农村许多平坦沟渠、水田泽地、池塘、慈姑田等都可放养;若是开阔的池塘,水面上可种植红萍、水浮萍、水葫芦等遮荫,池中插上竹竿、木条等供田螺栖息,既可收水上绿肥做饲料,又可饲养田螺增加收入。

1. 专池养殖

要选择水源充足、管理方便,既有流水又无污染的地方建专用螺池。

(1)专池养殖的池塘面积宜小、土质松软、水源充足(图24)。池内可适当种些茭笋、慈姑等水生植物,以充分利用土地并给田螺创造有可隐蔽的生态环境。

面积依养殖规模而定,商品螺池面积以100平方米左右为宜,苗种池一般以40平方米较好。池深一般70～80厘米,水深40～50厘米。

图 24　专用螺池

最好是几个螺池排成行分级建造,池的两端对角处开设进、出水口,并安装防逃拦栅。两池之间筑建 20 厘米高的堤埂便于行走,池底铺垫 10 厘米厚的肥泥。池中可稀植茭白、芦笋或水浮莲、浮萍等水生植物,既为田螺遮荫避暑、攀缘栖息和提供饵料,营造良好的生态环境,又可提高螺池利用率,增加收入。螺池周围筑高 60～80 厘米的围墙或用网片围栏。

(2)养殖池中的水质好坏是养殖田螺成败的关键之一。

①首先要保证水质优良,凡含有大量铁质和硫质的水,绝对不能使用。养殖用水以稍混浊的河川或池塘天然水体最佳,不要过于清澄透明,水体应含有丰富的天然饵料和充足的氧气。

②水泥池、土池养殖:单养田螺池建在排水方便、无废水

污染的地方。池宽 1.5 米,水深 35～40 厘米,长度不限。池边修筑高出水面约 20 厘米的堤埂,池对角处开设进、出水口,并设防逃网。池底铺一定厚度的淤泥。池面可养殖藻类、水浮莲、红萍、茭白等水生植物,供田螺食用、遮荫避暑和栖息。池边四周种些花生等农作物,作田螺栖息遮荫之用。

养殖池在放养种螺前,要施基肥培育天然饵料,基肥用 75%的鸡粪和 25%的切细稻草,每平方米施 450～500 克。7 天后水质变肥,即可投放种螺。

新建的水泥池,需要脱碱处理(处理方法见福寿螺的相关部分)。新建水泥池脱碱后,每平方米洒白醋 0.5～0.75 千克,清洗后注入清水 30～40 厘米深。

(3)池塘养殖:池塘水面较宽,水质较稳定,故在池塘中培育的田螺生长快、产量高。培育田螺的池塘,面积不宜过大,水也不宜过深。面积一般以 1～2 亩为宜,水深一般以 50 厘米左右为好。一些养鱼产量低的浅水池塘,改养田螺是最理想的选择。池塘养殖时,先排干水,用石灰清除敌害,然后灌水 7 天,干涸 1 天,再灌入清水后并放螺。

田螺在池塘中养殖,一般每平方米可放养田螺 150 只,重量为 400～600 克,可套养鲢鳙鱼种 5 尾。池塘内可种植大型水生植物为田螺遮荫降温。池底要垫上 10～15 厘米的肥泥。

(4)水沟养殖:培育田螺的水沟,一般宽 100 厘米、深 50 厘米。可利用闲散杂地挖沟养螺,也可以利用瓜地、菜地及菜园的浇水沟养螺。若是新开挖的水沟,要修建排灌设施,使水能排能灌。开好沟后,再用栏栅把沟分成沟段,以方便管理。埂面可种植瓜、菜、果、草、豆等经济植物。

2. 稻田兼养田螺

在种植稻谷的同时养殖田螺,不仅可以提高稻谷产量,还可以获得大量优质的商品田螺,且投入少、效益高,是一条比较适合农村快速增收致富的好门路。

稻田兼养田螺,全年不干涸而湿润的稻田,最适合于田螺生活。稻田的有机肥料和杂草,能供田螺食用,在放养密度较大时,可补充投喂一些人工饵料。在水稻的荫蔽下,夏季能维持田螺生长。所以稻田养螺,是一种简易省工的养殖方式,只是要注意尽量避免使用农药或使用高效低毒农药。

(1)养殖优点

①稻田水质清新,阳光适度,生态条件优越,对幼螺生长发育极为有利。

②稻田中除稗草、三棱草外,其他杂草均可作为饵料。养螺后的稻田不用人工或化学除草,有利于节约成本,减少投入。田螺摄食量大、排泄物多,螺粪含氮量接近猪粪的含氮水平,可提高稻田土壤有机质含量。

③田螺适应水域广,稻田养殖不需要特殊设施,田间水的管理可因稻制宜,不受制约,因而可以保证稻谷产量。在水稻搁田期,田螺能自行钻入土中被迫休眠,停止活动。

(2)技术要求

①稻田要求:用于养殖田螺的稻田要求水源充足、水质良好、遇旱不干、遇涝不淹、土质肥沃、无冷浸、背风向阳、保水性能好。稻田形状没有严格要求,面积可大可小,稻田内适宜栽插矮杆抗倒伏的稻谷品种。

②稻田整理:主要是加高、加固池埂,以使池埂达到高和宽均在50厘米以上,起防逃和蓄水水深在30厘米的作用。稻田进、排水口设置防逃网,稻田内依据大小开挖“一”、“十”或“井”字形田沟,田沟的深和宽分别为30～40厘米。

水稻移栽时留下空道,栽后1周内开挖沟道,沟宽20～27厘米、深13～17厘米。稻田放螺后在进、出水口设置栅栏或孔目较小的聚乙烯纱网,四周田埂严防鼠、蛇钻洞漏水,以免田螺逃走。

另外,还需开挖集螺坑,其蓄水水深60～80厘米,一般为长方形或正方形,根据稻田的大小可以设置1个或多个,但集螺坑的总面积要占整个稻田面积的10%左右,且其位置一般在靠近田埂边。

开挖深的田沟和集螺坑,一是为了田螺遇到炎热或寒冬天气可以避热避冷;二是收割水稻干田时也可以集螺。要求做到沟沟相连,沟坑相通,沟底面向坑倾斜。

(3)放养准备:首次进行养殖田螺的稻田,在开挖稻田工程前,按照50千克/亩施用生石灰化浆全田均匀泼洒消毒,同时施用经过发酵的猪牛粪300～500千克/亩,翻耕后再开挖田沟和集螺坑。稻田进、出水口设置防逃栅(网)。在秧苗返青后可直接放养田螺。放养前,需先放入少量田螺试水,确定药性已消失后再大量放养田螺。

(4)螺种的选择:螺种最好是从稻田、水渠、鱼池等处采集,也可以从市场收购,但收购时一定要把握质量,否则养殖成活率低。应选择个体较大、贝壳面完整无破损、受惊时螺体快速收回壳中且紧盖螺壳口、螺体无蚂蟥寄生等。

(5)适时放养:在水稻分蘖至长穗期,即 6 月下旬(水稻栽插 15 天后)到 8 月上旬,都可放养。

(6)放养密度:一般每亩稻田放 2～4 克重的幼螺 2 000～4 000 只。天然饵料丰富的可适当多放,反之,则适当少放。若稻田养萍,放养密度可增加到每亩 8 000～10 000 只。对于个体体重 10 克以上的螺种,放养密度为 5 000～10 000 个/亩,或放养数量更多的小规格螺种。

(7)适当投饵:一般稻田养螺后 25 天左右自然饵料量下降,对饵料明显不足的田块,可在沟内投以陆地青草、菜叶、瓜皮等,投入量以满足螺食为度。

(8)及时收获:放养后 30～50 天即可收获。捕捞前,引螺入沟或排干田表水,捕大留小,可 1 次投放,多次捕捞。

(9)科学施肥,合理防病治虫:采取栽前 1 次基施,适当辅以追肥。稻田防病治虫选择低毒、高效农药如杀虫脒、杀虫双、井岗霉素等,对水喷洒。不宜拌土撒施。

(10)饲养管理

①投喂:人工投喂饲料的品种主要有米糠、麦麸、菜饼、豆渣、菜叶、浮萍以及动物性废弃物或下脚料。水温 15 ℃以下时不投喂,水温 20～28 ℃时为田螺最适生长温度,需要大量投喂饲料。每天投喂 1 次,时间在早晨或傍晚。饲料投喂地点可不固定,投喂地点应多且在田中均匀分布。

投喂量根据检查上一次饲料的田螺摄食情况而定,随时加以调整。观察到母螺产仔后,投喂的饲料颗粒必须非常细小,同时最好在饲料中拌入鸡蛋或甲鱼、鳗鱼的配合饲料等,使仔螺能够摄食到营养丰富、数量充足的饲料。

②水质调节：养殖水体是田螺生活的直接环境，要求水体水质较肥，浮游生物含量多、溶氧量在3.5毫克/升以上，水深一般在10厘米左右，水温过高或过低可以通过适当增加水深来加以调控。施用追肥的品种可以是沼液、发酵后的畜禽粪等有机肥，也可以用尿素等化肥，但施用原则是少量多次施用。根据水质差异，有机肥每次用量50～100千克，化肥每次用量0.5～1.0千克。水体缺氧或水温过高时应及时换注新水防止田螺死亡，换水量每次为1/4～1/2，炎热夏季水温高、水质容易败坏缺氧要勤换水，早春和晚秋水温低则减少换水次数。

③防逃：田螺经常从进、出水口和满水的田埂处逃逸，因此要经常检查拦网是否破损，暴雨天气要注意疏通排水口，防止田水过满甚至田埂倒塌。

④病害预防：生产中，田螺除缺钙软厣、螺壳生长不良和蚂蟥病危害以外，一般其他疾病较少。经常向稻田中泼撒贝壳粉，可以消除缺钙症；发现蚂蟥则用浸过猪血的草把诱捕，有良好的效果。田螺的敌害生物主要有鸭、水鸟和老鼠，尤其是要防止鸭进入稻田中。

⑤越冬：入冬前，要强化培育田螺，使其体质健壮；入冬后，必须将水深加到30厘米以上，起到保温作用；还可以向稻田中投放一些稻草，让田螺在草下越冬。

(11)正确处理养螺与种稻的矛盾

①与耕田插秧的矛盾：首次养螺先翻耕，再开挖养螺沟坑，然后插秧放螺；已养螺的稻田，耙耕前尽量先把田螺引诱到集螺坑中，坑与田间以泥埂分隔，防止耙耕时泥水进入坑

中,插秧后田水返清,再清除坑与田间的泥埂,让田螺重新向田中活动。

②与施肥的矛盾:水稻施肥以“有机肥为主,无机肥为辅;基肥为主,追肥为辅”的原则,同时施肥一定要少量多次。对已养螺的稻田,不宜大量施用基肥,主要采取追肥方式给水稻施肥。

③与使用农药的矛盾:选用高效低毒品种的农药预防和杀灭水稻病虫害时,水剂农药在晴天露水已干后喷在水稻叶面上,喷药时喷雾器喷头朝上;粉剂农药则在晴天露水未干时喷在水稻叶面上。打农药前,可适当增加稻田水深,减少入水农药的浓度,同时根据不同农药对田螺的安全浓度及田中水体体积,计算准确以控制全田农药使用总量。

④与晒田的矛盾:由于水稻分蘖问题,稻田需要短时间干水晒田,这时,可以缓慢排水将田螺引入沟和坑中饲养。

⑤与收割稻谷的矛盾:同晒田一样,先将田螺引入沟和坑中饲养,干水晾田后收割稻谷。若是收割早稻,必须给集螺坑和一部分水沟搭上遮阳棚,以免烈日曝晒而水温过高造成田螺死亡。

(12)收获田螺:田螺养殖到个体体重10克左右的较大规格后就可以捕捞上市。捕捞销售应避开田螺的繁殖季节,同时捕出大规格田螺而留下小规格田螺继续养殖,并留有足够多的种螺继续繁育。入秋后的田螺最为肥美,价格也最高,是销售的最好时机。

3. 鱼螺混养

养殖田螺可套养部分鲢、鳙鱼种或采取田螺、泥鳅混养方式。也可与一龄鲤鱼混养，投喂鲤鱼的饲料，经在泥土中分解后，供作田螺饲料。但不宜与二龄鲤鱼混养，由于这种个体的鲤鱼会吞食田螺仔贝。有时为了提高名优水产品的产量，还可以与其他鱼类或水生动物混养，把田螺作为青鱼、龟、鳖饲养中的优质饲料。

田螺在天然状态下，当年能长至 6～8 克的个体，而人工养殖的个体重可达 12～15 克。最初的 3～4 个月成长最快，以后逐渐缓慢，以至二年后则不再生长。因此，田螺在人工养殖期间要抓住时机，充分投饵使其在较短的时间内长成，这样螺肉大且柔软味美，为天然者所不及，产量也较高。

三、种螺的饲养管理

1. 繁殖场地选择

繁殖池既可在水田、沼泽地和池塘直接养殖，又可开挖养殖池。挖池时，池底要有淤泥层，池面要养殖水生植物，如浮萍、藻类等，供田螺食用。在池边四周种些花生，作田螺栖息遮荫之用，并在水下放些木条、石头之类的栖身物。

田螺的养殖场地要选择水源充足，水质好，腐殖质土壤及交通方便的地方，最好要有流水。

螺池规格一般宽 1.5～1.6 米，长度 10～15 米，也可以地形为准。池子四周作埂,埂高 50 厘米左右。池子两头开设进、出水口,并安装好拦网,以防田螺逃逸。同时,在养殖池中间稀栽茭白等水生植物,这不仅可提高土地产出率,而且又为田螺生长创造了良好的生态环境。

2. 繁殖场所的消毒

放养螺种前,要对繁殖场所进行消毒处理。小土池、池塘、水沟和稻田等场所,每亩用 50 千克生石灰清塘,以杀灭野杂鱼、虾、蝌蚪等。待药效消失后(一般 7 天后)即可放入种螺。

3. 施肥投饵

在比较肥沃的大田或池塘等水域饲养,不需专门投料。但在较瘦瘠的新池饲养,则需投菜叶、瓜叶、麸皮、米糠之类饲料。田螺食性杂,水中的小动物和植物及藻类等都是天然饵料。幼螺长大后还要添喂米糠、麦麸、豆渣、红薯、昆虫、鱼虾以及动物内脏、下脚料等,有条件的还可喂配合饲料。日投喂量为螺体重的 1%～3%,每天上午 8～9 时喂 1 次。粗饲料应切细后才投放。对肥沃水田以及鱼螺混养和水生植物多的池塘,可少投或不投饲料。要定期换水,保持水质清洁。夏季当水温超过 30 ℃时,需经常注入新水,并加深水层,以便降低水温;冬季可采用夜补、白排的管水办法调节水层,也可施些猪粪、牛粪等厩肥,既能提温,又能培肥水质。

4. 种螺来源

每年 6～9 月是田螺大量产卵繁殖期。

种苗可从池塘、沟渠、水田等分布地人工拣拾，也可到市场购买商品成螺，从中挑选体重为 15～20 克。但以拾获的为好，拾获的螺种既新鲜、活力强，又可节约购种支出。

5. 选种

螺种以选择个大、外形圆、肉多壳薄，壳色淡青、螺纹少、头部左右触角大小相等者为佳。一般体重 15～25 克的田螺便达性成熟，在温度 15 ℃以上便可繁殖，雌螺大而圆，雄螺小而尖。

田螺雌、雄异体，一般雌螺大而圆，雄螺小而长。外形上主要从头部触角区分：雌螺左右两触角大小相同且向前方伸展；雄螺的右触角短而粗，末端朝右内弯曲。田螺雌多雄少，群体中雌螺占 75％～80％。

6. 投种

种螺放养最好在田螺繁殖前期完成。一般自 3 月下旬开始可陆续投放种螺。

种螺在自然区域内放养，一般每平方米投入 10 个产卵雌螺即可，若为未成熟的小幼螺，宜按 1∶1 或 2∶1 的雌雄比投放。幼螺长成大螺，交配产卵，又孵化出小田螺，便可将它们养成商品螺。若专门繁殖种苗，每平方米可投放产卵雌螺 100～150 个，未成熟的幼螺，雌雄比例则按 2∶1 或 3∶1 投放,一般 4 龄以上的种螺可产 40～50 个幼螺,产后 2～3 周仔重 0.025 克,开始摄食,饲养 1 年后可繁殖后代。

7. 交配产卵

田螺的良好生殖期为 4～10 月份。每年的 4～5 月份,当水温在 16 ℃以上时就开始交配产卵。

8. 水质调节

(1)螺池要经常注入新水,以调节水质,特别是繁殖季节,应保持池水流动。在春秋季节以微流水养殖为好;高温季节,采取流水养殖效果更佳,水质不洁净要及时换注新水,一般要求每周换水 2 次。螺池水深度需保持在 30 厘米左右。

(2)调节水的酸碱度。当池水 pH 偏低时,每平方米施生石灰 0.15～0.18 千克,每隔 10～15 天施 1 次,使池水 pH 保持在 7～8。

9. 饲喂管理

自然水域中粗放的养殖方式,只需保持水体肥度,每隔一段时间施放适量的鸡粪、牛粪、猪粪或稻草等有机肥料即可满足田螺生长需要。

在高密度精养情况下,则必须投入工饵料。根据田螺吃食情况和气候情况,在生长适宜温度内(即 20～28 ℃),田螺食欲旺盛,可每两天投喂 1 次,每次投饲量为体重的 2%～3%。水温在 15～20 ℃和 28～30 ℃幅度时,每周投喂 2 次,每次投给 1%左右。当温度低于 15 ℃或高于 30 ℃,则少投或不投。

田螺放入池后，投喂青菜、米糠、甘薯、蚯蚓、血粉、玉米、豆饼、鱼虾杂碎及动物内脏、下脚料等。应先将菜饼、豆饼等固体饵料泡软，青菜、鱼虾、动物内脏剁碎，再用米糠或豆饼、麦麸搅拌均匀后分散投喂。

10. 冬季管理

8～10 月中旬田螺要为冬眠做准备，早期食欲渐盛，积贮养料，准备冬眠。进入冬眠前，其食量减少，以每周投喂 2 次饲料为宜。当水温下降到 8～9 ℃时，田螺开始冬眠，冬眠时，田螺用壳顶钻土，只在土面留下圆形小孔，不时冒出气泡呼吸。田螺在越冬期不吃食，但养殖池仍需保持水深 10～15 厘米。一般每 3～4 天换 1 次水，以保持适当的含氧量。

(1)干法越冬：当水温降到 12 ℃左右时，将田螺捞出，用净水冲洗后放在室内晾干。在晾干过程中螺即排放粪便，不遇水不再出来活动。3～5 天后剔除破壳螺和死螺，再放一层螺，然后装入纸箱。装箱应放一层螺，垫一层纸屑或刨茬，然后捆好纸箱，放在 6～15 ℃的通风干燥处越冬。越冬过程中切忌受冻害，待来年水温回升到 15 ℃以上时，把螺放回水中，螺即开始活动和觅食。

(2)薄膜覆盖越冬：冬天水温降到 12 ℃以下时，池面上应用塑料薄膜覆盖。晴天阳光充足时，放浅池水(10～15 厘米)，以利提温，晚上加深水位 50 厘米以上，以利保温。一般 3～4 天换 1 次水，以保持适当的含氧量，同时要防止鼠等天敌危害田螺。冬眠后开始醒来时前 1 星期开始投喂有机肥料。南方越冬期若水温多在 15 ℃以上,要适当投喂饲料。若水温经常在 20 ℃以上,要加强水质管理和投饵管理。

11. 夏季管理

春季在养殖池内种植水生植物,以利田螺在高温季节遮荫避暑。在高温季节,可采用活水灌池,以降低水温,增加溶氧。也可加大水深,降低水温。水温高于 30 ℃时,可不投饵。

四、幼螺的饲养管理

幼田螺(图 25)指壳高 1 厘米,螺体似绿豆大小,体重 6 克以下的小螺。

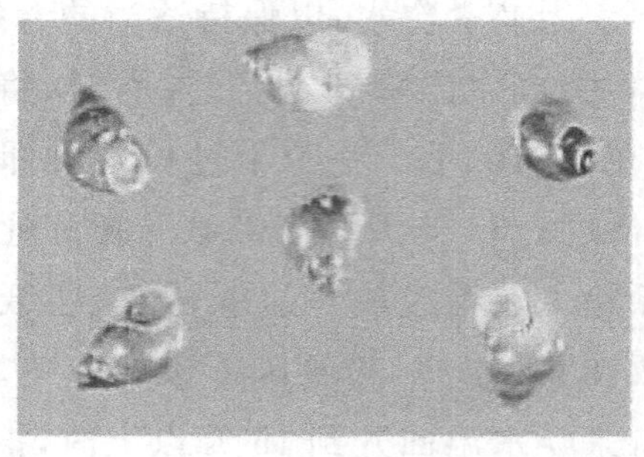

图 25　幼螺

幼螺对环境要求不严,池塘、水渠、稻田、水池都可以放养,规模可大可小,也可螺鱼、螺鳝、螺水蛭等混养。它的主要食物是水中的微生物或水生植物的幼嫩茎叶。人工饲养要施一定的农家肥以培养水质繁殖浮游生物。

1. 容器

可利用容器、稻田或另建水泥池，池深 30～40 厘米。

2. 密度

大小不同的螺体，生长的最适水深也不同。3～10 厘米深的水层中每平方米适宜饲养 0.5～1 克大小的幼螺 5 000～10 000 只，在水深 20 厘米时，每平方米放养幼螺 4 000～6 000 只。

3. 饲喂

幼田螺的主要食物是水中的微生物或水生植物的幼嫩茎叶，饲料要求精、细、嫩、多汁、易消化、富含营养，以鲜嫩的青菜叶片为主，辅喂少许麦麸、米糠、鱼粉等。人工饲养要施一定的农家肥以培养水质繁殖浮游生物。投喂量为每天每平方米用青饲料 250 克，精料 50 克。

另外，利用池边杂草沤制的有机肥料也是饲养田螺的好饲料。各种粮食加工厂的副产品、废弃的蔬菜等均可投喂。每次投施的粪肥按螺体重的 30%即可，米糠麸皮等精料按螺体的 10%为宜，每星期投 2 次。

五、育成螺饲养管理

1. 放养

幼田螺经过 20～30 天的饲养,壳高达 1 厘米以上,体重 6 克以上,这时可放入生长池中饲养。

2. 密度

生长田螺的放养密度应随螺体膨大而不断变更,否则生长就会受阻。

一般 2 月龄田螺每平方米面积可放养 1 000～2 000 只,3 月龄为 600～800 只,4 月龄为 400～500 只,5 月龄为 200～250 只,6 月龄为 120～150 只。另可套养鲢、鳙鱼种 5 尾,但不得存在杂食性及肉食性鱼类。池面应养殖藻类、水浮莲、红萍等水生植物,供田螺食用、遮荫避暑和栖息。

3. 水质

养殖田螺的水源最好是没有污染的河川、沟渠之水,因为这些水源的水,水温适当,又含有丰富的溶氧和天然饵料。

在田螺的饲养管理过程中,水深可保持在 30～40 厘米,一般要求每周换水 2 次。池水适宜 pH 为 7～8。

4. 追肥

在田螺养殖过程中,要根据水质酌施一定的农家肥繁殖浮游生物,以保证田螺能经常有充足的天然饵料。

对新建的养殖池,放养田螺前,每 100 平方米池中可施入 100～150 千克腐熟的堆肥,以改良池底土质。

堆肥的做法是将稻草、生石灰、鸡粪在陆地上层层相间地堆起来,用塑料薄膜将其密封,充分腐熟后使用。

5. 饲喂

生长期田螺生长旺盛,活动能力增强,螺体迅速膨大,要求提供较多的营养物质。生长田螺虽然采食粗饲料能力增强,但也要注意不能喂得过粗,仍要保持 10%的精料,同时还要适当增喂矿物质饲料,以满足贝壳生长的需要。如果能用 10%的蚯蚓粪代替部分精料,效果更好。投喂的青饲料要求新鲜,一般每天傍晚投喂 1 次,日投量为体重的 5%。

①仔螺产后 2 星期,开始投喂蛋黄,1～2 天后即可让其摄食天然饵料。

②每天投喂 1 次,投喂时间在早上 9 点左右。

③投饵量为螺体重的 1%～3%,并随吃食情况略作增减。对较肥沃的稻田和鱼螺混养池,有丰富的天然饵料,也可少投或不投饵。

④饵料种类主要有浮游植物、腐屑、青苔、有机碎屑、糠饼、蔬菜叶、豆饼、麦麸、鱼粉、瓜果皮、浮萍、米糠、鱼杂和其他动物内脏等。也可投喂配合饲料。

⑤田螺摄食时,用舌舔食饵料,所以投喂固体饵料时,必须泡软,以适于舔食。投饵时,应将鱼杂、动物内脏和肉以及青菜、豆饼、红苕等切细,用米糠搅拌均匀后投喂。

6. 防逃

田螺有越水潜逃的习性,所以要经常维修进、出水口的防逃设备。

7. 防天敌

池内不要混进鲤鱼、青鱼等杂食性和肉食性鱼类,以免伤害田螺。鸟、猫、鼠、鼹鼠等动物都会吃食或伤害田螺,要采取措施,防止它们的危害。

六、成螺的饲养管理

在良好管理条件下,生长田螺经过 5 个月的饲养,体重达到 15 克以上,性腺开始成熟,进入成螺期,这时可作为商品田螺采收出售或加工处理。

1. 饲料

成螺对饲料的要求较多。青饲料要鲜嫩多汁,富含营养,如聚合草、甘薯、南瓜、水果皮渣等。并适当增加动物蛋白饲料以及矿物质饲料,以促进田螺早产卵、多产卵,提高卵的质量。

2. 密度

成田螺放养的密度不宜过大,以每平方米放养 100 只为宜。

3. 捕捞

饲养 2 年的田螺,个体平均可达 16 克,4 年可达 28～32 克,5 年平均体重可达 35～40 克。成田螺的收获主要是干池捕捉。其捕捞工具利用方式同福寿螺基本相同。

成螺的捕捞应分期分批进行,根据实际情况捞取成螺(每千克重 70 ～100 个)销售。但在捕捞成螺时,应避开田螺的繁殖高峰期,力求做到适当留下一些雌螺,以利于其翌年繁殖仔螺。

七、日常管理

(1)田螺在水中是靠鳃呼吸的,田螺在每升水溶氧低于 1.5 毫克时或水温超过 40 ℃时就会死亡。高温季节加大水流量,以控制水温升高和保证水体溶氧充足。严禁流入受农药、化肥污染的水源。平时采取微流水形式,保持水位在 30 厘米左右。

(2)田螺的生长发育与养殖池中泥土的关系极为密切,尤其与泥土的酸碱度和氨、氮的含量密切相关。因此,应根据田螺养殖池中泥土的具体情况,采取相应的措施。

①若测定泥土中 pH 为 3～5,每 100 平方米池中应撒入 15～18 千克生石灰,间隔 10 天后再撒第 2 次。

②若测定泥土中 pH 为 8～10,则每 100 平方米池中施入 5～6 千克的干鸡粪,每隔 10 天施 1 次,连续施 2～3 次。

③若测定泥中有氨氮溶存时,每 100 平方米池中施入 6

千克啤酒酵母可以消除泥土中的氨、氮。5～6 月份水温达到 20 ℃以上时,可将啤酒酵母踩入泥土之中,其用量可以减半。

(3)混合堆肥是泥土的改良剂。每 100 平方米池中可施入 100～150 千克堆肥,以改良泥土。但堆肥必须是腐熟的,不然的话,它会产生大量的有害气体而抑制微生物的繁育,从而影响田螺的生长发育。

(4)为了促进田螺快速生长,在春秋田螺摄食旺盛的高温季节,要经常注入新水,做到勤换水,最好是采用活水灌池,在半流水方式中养殖,池内还可以养水生植物,像水芋、水浮莲等,以利田螺遮荫避暑。

(5)寒冷天气田螺进入泥土冬眠,此时,每周换水 1～2 次,并向水体撒一些切碎的稻草以利田螺越冬。田螺怕暑不怕寒,冬天离水数天也不死亡,而酷暑数小时就可致死。

(6)田螺疾病少,日常管理重点是管水和注意水蛭、蜘蛛等天敌的危害,还要防止鸭、猫、蛇、鼠和鸟类等入池捕食田螺。

(7)田螺宜浅水、微流水养殖,池水深度以 25～30 厘米为宜,在繁殖季节和高温期更要保持池水流动。冬眠时田螺会潜入泥穴中,只在泥面留个圆形小孔冒气呼吸,为保持水中充足的溶氧量,每三四天换 1 次池水。并做好防逃设施,防止田螺外逃。

(8)田螺对农药、除草剂、石油类和工业污水很敏感,应做好防避工作。含氯的自来水亦不宜直接用来养殖田螺。

八、田螺捕捞与运输

田螺经过 1 年的精心饲养，当仔螺长到 10 克以上时，其肉质细嫩肥实，最受市场欢迎，可分批采捕上市。采捕时放干池水，直接下池采拾即可，注意选留 60％左右的大个体螺做种螺。

捕捞应分期分批进行。6 月上旬、8 月中旬和 9 月下旬是繁殖高峰期，应避开这三个高峰期捕捞。捕捞时，要选择个体大的田螺作为种螺培育，为翌年繁殖仔螺作准备。

1. 捕捞

（1）捕捞时期：根据实际情况捞取成螺（每千克 70～100 个）。

（2）捕捞方法：田螺捕获的方法除用手伸入池中捞取外，也可用手抄网捕获。网的直径为 20 厘米，网目 2.8 厘米，捕捞时可让个体小的漏网于池中继续养殖。

2. 运输

（1）箩筐装运：箩筐装运的优点是透气性能好，装运密度大，成活率高，管理方便。

装田螺前，在筐底衬上塑料编织袋，并将箩筐在水中浸湿，田螺装到筐的一半，最多不超过 2/3。

（2）木箱装运：木箱长 35 厘米，宽 28 厘米，高 25 厘米。装田螺前，木箱应放在清水中浸泡数小时，田螺装到木箱的

2/3。

(3)竹篮装运:装田螺前,将竹篮在清水中浸湿。装田螺后,应在田螺上搭上2～3层湿纱布或搭条湿毛巾。这种方法适合小批量短距离装运。

第八章 田螺饲料

田螺为杂食性，天然饵料主要有浮游生物、青菜叶及有机碎屑等，人工饵料有青菜、米糠、废弃之鱼杂和其他动物内脏等。

一、田螺营养需求

田螺的营养需求参见福寿螺的相关部分。

二、饲料需求特点

养殖池应先投施些粪便，以培养浮游生物为田螺提供饵料。施肥量视螺池底质肥瘦而定。

1. 仔螺需求

仔螺产后两星期要开始投饵，开始宜用蛋黄，1～2 天后即可让其摄食天然饵料。田螺摄食时，用其齿舌舔食饵料，所以投喂固体饵料时，必须泡软，以适于舔食。

2. 幼螺需求

田螺放入池后，即开始投喂青菜、米糠、鱼内脏或茶饼、豆饼等。青菜、鱼内脏要切碎与米糠等饲料拌匀投喂；菜饼、豆饼等要浸泡变软，以便田螺摄食。

3. 成螺需求

成螺饲料需求 1 年可分为 4 个时期：

(1)3～5 月份为交配前的准备期，开始摄食。

(2)5～8 月中旬为产卵、肥大期，前期食欲急增，后期因产卵和高温的影响，食欲有时不振。

(3)8～10 月中旬为冬眠前作准备，早期食欲渐盛，积贮养料，准备冬眠。进入冬眠前，其食量减少。

(4)当春天来临、田螺冬眠后开始醒来时前一星期开始投喂有机肥料。

(5)产卵准备期及冬眠准备期均需给食，以每周投喂 2 次饲料为宜。其投饵量可根据田螺吃食情况和水质状况灵活掌握。

(6)田螺适合在 20～26 ℃范围内生长。当水温低于 15 ℃或高于 30 ℃时，则不需投饵。

4. 投喂管理

投喂量视田螺摄食情况而定，一般按田螺总量的 1%～3%投饲。投饵时，应将鱼杂、动物内脏和肉以及青菜等切细，用米糠搅拌均匀后投喂，每 2～3 天投喂 1 次，投喂应选在上午进行，投饵的位置不必固定，并随吃食情况略作增减。当温度低于 15 ℃或高于 30 ℃时，不需投饵。

在饲养中如发现厣收缩后肉溢出者为缺钙现象，此时应在饵料中添加贝壳粉；如厣缩入壳内者，为饵料不足，应增加饵料量。

5. 温度与摄食

田螺在水温 15 ℃左右时开始摄食，20～26 ℃食欲旺盛，生长速度快。水温超过 28 ℃，田螺就迁移到水生植物的荫影处，30 ℃时钻入土中避暑。水温低于 15 ℃时，掘 10～15 厘米深的孔穴，钻入越冬，继续降到 8～9 ℃冬眠。翌年春天，水温回升到 15 ℃时，从洞穴中出来活动。

三、饲料种类

田螺为杂食性，在天然水域摄食水生生物及腐败有机质，人工养殖条件下喂养田螺的饲料分天然饵料和人工饲料两大类。

1. 天然饵料

天然饵料即为池水中的微生物以及有机物，主要有浮游植物(图 26)、腐屑、青苔、青菜叶及有机碎屑等。

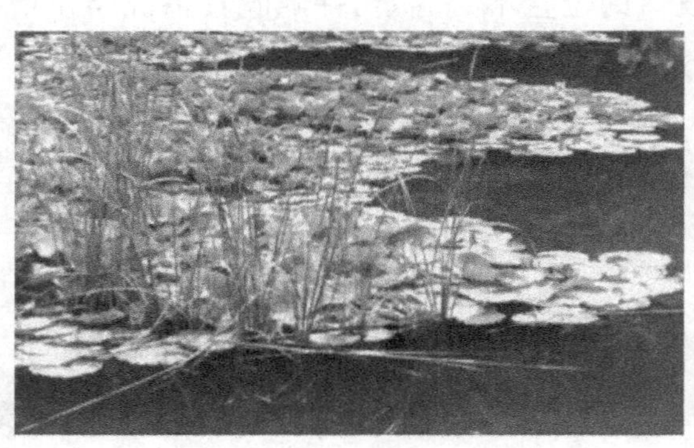

图 26　浮游植物

2. 人工饵料

人工饵料有糠饼、蔬菜叶、豆饼、麦麸、鱼粉、瓜果皮、浮萍、米糠、鱼杂和其他动物内脏等。

在高密度的饲养条件下,天然饵料是远不能满足田螺的摄食需要的,故必须补充投喂人工饲料、鱼类的内脏等。畜禽的粪便、稻草等有机肥料,也可用来饲养田螺。

四、饵料参考配方

在高密度饲养条件下,投喂人工饲料以配合饲料效果较佳。一般每 3～4 天投喂 1 次,投喂量为田螺总重量的 1%～3%。

1. 幼螺期饵料配方

(1)玉米 20%,鱼粉 20%,米糠 60%。

(2)炒黄豆粉 25%,玉米面 25%,麦麸皮 20%,米糠 20%,骨粉 10%。

2. 生长期饵料配方

(1)细米糠、麦麸各 25%,骨粉 15%,黄豆粉(炒熟)、玉米粉各 15%,细青沙 4.5%,食糖 0.2%,食盐 0.1%,土霉素粉 0.2%。

(2)黄豆粉(熟)、白豇豆粉、蚕豆粉(熟)、绿豆粉、玉米粉、细米糠各 10%,蛋壳粉 7%,氢钙粉 1.5%,土霉素粉、食母生粉各0.2%,食糖 1%,食盐 0.1%,麦麸 20%,河沙 10%。

3. 成螺期饵料配方

(1)米糠 60%,麦麸 25%,豆粉 15%的比例即成田螺的上等饲料。

(2)玉米粉、麸皮各 30%,豆粕 20%,米糠 10%,淡鱼粉 4%,酵母粉 2%,骨粉 4%。

第九章　田螺的疾病防治

田螺在野生环境自然栖息时,发病率极低,但在人工养殖情况下,成活率高,但也会发生疾病。

一、疾病预防

1.消毒措施

(1)清池消毒:清池消毒见福寿螺的相关部分。

(2)池水消毒

①每立方米水体加漂白粉 0.6 克,用少量水溶化后,均匀泼洒全池。

②每立方米水体加高锰酸钾 8 克,用少量水溶化后,均匀泼洒全池。

(3)用具消毒

①用 5%的漂白粉浸泡用具 10 分钟。

②用浓度为 20×10^{-6} 的高锰酸钾浸泡用具 10～20 分钟。

(4)螺体浸洗消毒

①用10～20毫克/升的高锰酸钾溶液浸泡10～30分钟。

②用10毫克/升的漂白粉溶液浸泡10～20分钟。

③用6毫克/升的硫酸铜溶液浸泡10～30分钟。

④每千克清水用含青霉素40～50国际单位和链霉素20国际单位的溶液浸泡30分钟。

(5)饲料消毒

①先用水洗干净,用浓度为8×10^{-6}的漂白粉浸泡20分钟。②用浓度为15×10^{-6}的呋喃唑酮浸泡10分钟。

2. 管理措施

(1)调节好水质。

(2)饲养密度适宜,及时分养。

(3)合理饲养,定时、定量、定质投喂饵料,合理投喂饲料,投食次数要有规律,饲料种类变换不要太快。

(4)要坚持每天巡塘,观察动态、池水变化及其他情况,发现问题及时解决。

(5)要注意环境卫生,勤除敌害,及时捞出残饵。

(6)用无刺激的消毒药物定期消毒饲养箱(池),如用万分之四的苏打溶液合剂或0.1%的高锰酸钾溶液冲洗饲养箱(池)。定期用过氧乙酸稀释液对福寿螺的养殖场所进行消毒,可杀灭病原微生物。

二、常见疾病防治

从养殖实践观察,田螺除缺钙软厣、螺壳生长不良和蚂蝗病危害外,一般其他疾病较少。田螺的敌害主要有鸭、水鸟和老鼠,尤其要特别防止鸭进入田中。另外养螺稻田不宜放养青、鲤、罗非和鲫等肉食或杂食性鱼类。

1. 缺钙症

【病因】 进食饲料单一,引起缺钙。

【症状】 田螺其厣收缩后肉质溢出于外面者或软厣。

【治疗】 在饵料中渗入贝壳类的粉末。

2. 侵袭性疾病

【病因】 蚂蟥叮咬。

【症状】 自然状态下感染率不高,在人工养殖中如有病原带入,则感染率很高,严重的常出现空壳,对田螺的生长和摄食具有较大影响。

【治疗】 用浸过猪血的草把诱捕有良好的效果。

3. 缺氧症

【病因】 由于水体没有及时更换,水体中 NH_3、H_2S 积聚过多,伴随水体缺氧,NH_3、H_2S 逐渐渗入螺体体内,进入血液循环,使血液载氧力下降所致。

【症状】 漂养或入池后,长时间漂于水面,体质衰竭,数天后死亡。

【治疗】　立即更换大部分新水，改善载体环境，部分症状轻微的可获救。

4. 萎瘪病

【病因】　寄生虫严重感染、饲料严重缺乏、放养密度过大等。

【症状】　机体严重消瘦，体质虚弱，其靥深入螺壳内面者。

【治疗】　因寄生虫感染，可参照寄生性和侵袭性疾病处理；由于饲料严重缺乏的，可强化投喂。

5. 温浊病

【病因】　池水过度温浊。

【症状】　田螺会停止摄饵，且分泌大量的黏液，有时会导致幼螺死亡。

【治疗】　避免浊水进入池中。

6. 细菌及病毒性疾病

【病因】　苗种在采集、运输、贮养及养殖过程中，因管理方法不当，导致田螺体质下降和生理失衡，降低了对病菌的抵抗力和免疫力，从而引起病毒及细菌性疾病的发生。

【症状】　螺软体体表呈弥散状或点状充血；表皮圆印状破损溃烂；腹部肿大发炎；头部破损、发炎等。

【治疗】

(1)保持良好的养殖生态环境是杜绝这类疾病发生的根本途径，同时，当疾病发生后，充分改善恶化的养殖环境，具有极佳的治疗效果。

(2)每 10 天施用 1 次“双益”3 号和“双益”2 号药物，皖龙 3 号每次连续 3 天，即可达到积极预防效果。

第十章　田螺的加工与食用

田螺是淡水中的一种较大型螺类，肉质厚实、丰腴细腻，味道鲜美，清淡爽口，风味独特，既是宴席佐肴，又是风味小吃，是我国城乡居民十分喜欢的美味佳肴。

田螺不仅是一味美味佳肴，还是一味除疾良药，具有很高的食疗、药用价值。

为防止病菌和寄生虫感染，在食用螺类时一定要煮透，一般煮10分钟以上再食用为佳，死螺不能吃。

因田螺性寒，凡消化功能弱和老人儿童，应当食有节制，以免多食引起消化不良。

另外，胃寒者也应忌食田螺肉，以防危害身体。田螺也是发物，有过敏史及疮疡患者应忌食。不宜与中药蛤蚧、西药土霉素同服。

一、田螺食谱

1. 炒螺肉

【原料】 螺肉500克,植物油、大蒜、姜片、酱油、醋、料酒、辣椒、花椒各适量。

【制作】

(1)把成螺放在锅里煮熟,捞起待凉后,用针去掉厣片,挑出螺肉备用。

(2)先把螺肉放在砧板上切碎,待锅里油烧热后,放下螺肉用大火猛炒几下,放下调料、味精即可出锅。

2. 枸杞煲田螺

【原料】 田螺500克,猪肉200克,枸杞子15克,姜片、盐、味精适量。

【制作】

(1)将田螺养净去壳尖、去厣,把枸杞子略泡洗。

(2)先将田螺入砂锅中,加适量清水煲15分钟,然后放入枸杞子再煲15分钟。

(3)调入盐、味精、姜片即可食用。

3. 酒田螺

【原料】 田螺6～8个,千层面皮2张,白葡萄酒20毫升,黄奶油15克,大蒜末少许,奶油40克,鲜奶油10毫升。

【制作】

(1)锅内加热,先将田螺肉炒香备用。备一锅热水烫熟面皮,放进盘内。另置一锅融化奶油,放大蒜末炒香。

(2)再加田螺肉,白葡萄酒,使酒精蒸发,加奶油置放于盘内,部分塞于面皮内,周围淋上剩余的白葡萄酒汁即可。

4. 麻辣田螺

【原料】　带壳田螺 200 克,汤料 150 克,红油 30 克,葱花、淀粉各 15 克,食油、大蒜末、豆瓣酱各 10 克,盐 1 克,味精、白糖各 2 克,花椒、辣椒、胡椒粉少许。

【制作】

(1)将热锅加少许食油,放进豆瓣酱、辣椒粉煸炒出香味,注入汤料,放进田螺肉,加盐、味精、白糖及大蒜末调味。

(2)文火烧至汤汁浓时,用湿淀粉勾芡,撒上葱花,淋上红油,起锅盛于汤盘中,另将花椒粉、胡椒粉撒在田螺肉上。

5. 鸡骨草煲田螺

【原料】　鸡骨草 60 克,田螺 400 克,盐、鸡精、熟油适量。

【制作】

(1)先用清水养田螺 24～48 小时,勤换水去除污泥。

(2)用刀斩去田螺壳尖少许,并去掉田螺厣,鸡骨草洗净。

(3)砂锅放适量清水,将田螺与鸡骨草一起煲,先用旺火煮沸,然后用文火煲 1 小时,调味即可。

6. 咖喱田螺

【原料】 田螺肉 200 克,汤料、洋葱各 50 克,鸭蛋 1 个,小苏打少许,盐 2 克,咖喱粉 10 克,湿淀粉 15 克。

【制作】

(1)把田螺肉洗净切成薄片,装入碗中加盐、蛋清、小苏打拌匀入味,另将洋葱切末待用。

(2)在热锅中倒入食油 500 克,3 分钟后推入田螺肉片,迅速划开,至七成熟时捞出。热锅内留少许油,放入洋葱炒出香味,再加咖喱粉炒,放入田螺肉片和少许汤料,加盐调好味,用湿粉勾芡,淋上食油,即可入盘。

7. 板炸田螺

【原料】 田螺肉 350 克,鸡蛋 1 个,面包末、沙茶酱各 50 克,大蒜末 10 克,盐 2 克,味精 1 克,红油、黄酒各 30 克,胡椒粉、葱、姜、苏打粉、酸萝卜各少许。

【制作】

(1)洗净田螺肉,用刀把肉切成片,装入碗中加盐、味精、红油、黄酒、胡椒粉、苏打粉及大蒜末、葱、姜等拌匀。

(2)将田螺肉平铺在案板上,撒上面包末,用圆棒棰打成大片,逐个制成生坯。

(3)把食油 750 克倒入热锅中,烧至六成熟时放入生坯,炸至金黄色时捞出装盘。在田螺旁放些酸萝卜,另外一小碟盛上沙茶酱,同田螺肉一起上席。

8. 烤田螺串

【原料】　田螺肉500克，茶叶10克，桂皮4克，丁香、茴香、砂仁各3克，花椒5克，葱姜少许，黄酒、芝麻油各50克，白糖100克，盐适量。

【制作】

(1)将田螺肉洗净放入锅中，把桂皮、丁香、茴香、花椒、砂仁用纱布包好一并放入锅中，加适量的水和葱、姜、盐、黄酒调好味，煮1小时至田螺肉稍烂时捞出。

(2)将熟田螺肉每只切成两半。取竹签20支，每支长15厘米，每串有5枚田螺肉。另取一小铁锅，洗干净，取一毛草纸铺于锅中，撒白糖、茶叶于纸上，用其做熏料。

(3)在铁锅上架上一个铁丝网，把田螺串分别放于铁丝网上，盖严锅盖，文火烧焖一会儿视锅口发出黄烟，将锅略转转使锅内受热均匀。熏料全部炭化后，将锅离火焖10分钟，稍冷后揭开锅盖，取出田螺串，刷上香油，凉凉后即可。

9. 酸菜田螺汤

【原料】　田螺1 500克，酸菜250克，猪骨头250克，姜1块，其他油盐配料适量。

【制作】

(1)将田螺尖开小口，使劲洗刷干净备用。

(2)将咸菜切条，大约1寸长，洗干净，烧水煮一下，去掉大部分咸味。

(3)将骨头跟咸菜放到煲里，放水2 500克，烧火熬汤。

(4)把姜切片,跟田螺一起放到热油锅爆炒,可以去掉大部分的“泥味”变得更加可口。

(5)骨头咸菜汤开了以后,把田螺和姜片一起放到煲里,继续烧火熬,大约半小时,就可以了。

10. 糟田螺

【原料】 田螺 750 克,火腿皮骨 400 克,桂皮 15 克,大茴香 5 只,葱段 5 克,姜片 5 克,陈年香糟卤 50 克,白糖 10 克,味精 5 克,黄酒 50 克,菜油 25 克,猪油 50 克,酱油 25 克,高汤 500 克。

【制作】

(1)将田螺剪去壳尖,洗净,放入钵内,加冷水没过田螺,并加入适量菜油,泡 1～2 天,使它吐净泥沙。

(2)炒锅上火,放入猪油烧热,投入葱、姜煸出香味后捞出。倒入田螺煸炒几下,加酒、酱油和高汤烧开,捞出田螺。同时将锅内的汤卤撇清,再将田螺回锅,并将火腿皮骨、姜片、大茴香、桂皮、白糖、味精加入烧沸后,倒入糟卤,捞出火腿皮骨、姜片、大茴香、桂皮,浇入剩余的猪油,出锅装盘即成。

11. 爆炒田螺

【原料】 净螺肉 250 克,烹调油、辣椒酱、花椒、干辣椒、味精、盐、白糖、香油、料酒、姜、大蒜、蒜苗适量。

【制作】

(1)田螺去壳取肉洗净,用盐、料酒腌好待用,姜、大蒜切成指甲片大,蒜苗取蒜白段,用斜刀法切成 1 厘米长的马蹄形，干辣椒切成1厘米长的筒状。

(2)先将腌制好的螺肉用沸水氽一下滤去水分，锅盛油烧至7成热下螺肉爆断生。

(3)锅内盛油少许烧热，下干辣椒、花椒炒脆，随即放辣椒酱、姜、蒜片炒香，再投入螺肉、盐、糖、味精、蒜苗快速翻炒，淋入香油和匀起锅装盘。

12. 香草牛油焗田螺

【原料】 田螺肉(罐头)24粒，洋葱30克，田螺壳24个(4人份)，白酒100毫升，鸡上汤250毫升，牛油320克，盐和胡椒粉各少许。

【制作】

(1)用清水将罐头田螺肉洗净，撕去尾部内脏，田螺壳以滚水煮沸30分钟，沥干待用。

(2)洋葱以20克牛油炒香，加入田螺肉炒匀。

(3)倾入白酒，煮至白酒全部蒸发。

(4)倒入鸡上汤，加盐和胡椒粉，小火煮至汁水全收干或田螺肉熟，置冷待用。

(5)将少许牛油放入田螺壳内，加入田螺肉，再放入少许牛油，放冰柜冷冻3小时。

(6)将冷冻田螺置焗炉内，以220℃焗约15分钟或至金黄色即可。

13. 滋味田螺

【原料】 田螺适量，蒜泥、姜末、豆豉、紫苏适量和少量辣椒或胡椒粉,猪骨汤适量。

【制作】

将活田螺处理干净后,把螺尾去掉少许,以便入味食用。然后配上蒜泥、姜末、豆豉、紫苏和少量辣椒或胡椒粉,炒至近熟后加入猪骨汤熬至螺香四溢即可趁热食用。田螺肉鲜甜可口,田螺汤美味无穷。

14. 韭菜枸杞田螺肉

【原料】 韭菜 30 克,田螺肉 150 克,枸杞 10 克,生姜 5 克,花生油 5 克,盐 5 克,味精 2 克,胡椒粉少许,麻油 1 克,湿生粉适量。

【制作】

(1)韭菜洗净切小段,田螺肉洗净,枸杞泡透,生姜去皮切小片。

(2)锅内加水,待水开时下入田螺肉,煮去其中部分腥味,捞起滴干水分。

(3)另烧锅下油,放入生姜片、田螺肉、绍酒煸炒片刻,加入韭菜段、胡椒粉、枸杞,调入盐、味精、白糖,用中火炒透,下湿生粉勾芡,淋入麻油即可。

15. 葱香煮田螺

【原料】 大田螺 20 个,车前草 10 克,生姜 10 克,葱 10 克,精盐 8 克,味精 8 克,白糖 5 克,生抽 10 克,湿生粉 10 克,高汤 50 克,花生油 20 克,绍酒 5 克。

【制作】

(1)田螺洗净去尾,车前草洗净切段,生姜切末,葱切花。

(2)锅内加水烧开,放入田螺稍煮片刻,捞起待用。

(3)烧锅下油,放入姜末、田螺、车前草炒香、注入上汤,调入绍酒、精盐、味精、白糖、生抽焖片刻,用湿生粉勾芡,下包尾油即成。

16. 川芎煮田螺

【原料】　川芎 10 克,田螺 500 克,料酒 10 克,盐 3 克,味精 2 克,姜 5 克,葱 10 克,芝麻油 15 克。

【制作】

(1)将川芎浸软,切片,田螺去壳及肠杂,洗净,切薄片,姜切片,葱切段。

(2)将川芎、田螺、料酒、姜、葱、盐。味精、芝麻油同放炖锅内,加水 1 800 毫升,置武火上烧沸,再用文火炖煮 35 分钟即成。每日 1 次,每次吃田螺肉 50 克,喝汤。

17. 碎米田螺

【原料】　田螺、花生米、黄瓜适量,料酒、鲜汤、胡椒粉、精盐、白糖、醋、湿淀粉少许。

【制作】

(1)将花生米碾碎、黄瓜切丁,备好料酒、鲜汤、胡椒粉、精盐、白糖、醋、湿淀粉,将其兑成汁。

(2)选大个的田螺洗净,用刀切成厚片,挤干水分入汁拌匀,倒入湿油锅打散,至八成熟捞起沥干。

(3)锅内放底油烧热投入葱花、姜末、豆瓣酱炒香，入黄瓜丁稍炒，最后下田螺肉与花生米同炒1分钟，淋入香油即可出锅。

二、田螺药膳

现代医学研究还发现，田螺可治疗细菌性痢疾、风湿性关节炎、肾炎水肿、疔疮肿痛、中耳炎、佝偻病、脱肛、狐臭、胃痛、胃酸、小儿湿疹、妊娠水肿、妇女子宫下垂等多种疾病。

1. 治疗痔疮方

【原料】 活田螺若干个，白矾末少许。

【制法】 田螺肉用清水漂洗2天，使其吐尽泥沙，然后用针刺破，加入白矾末，过一夜后，除去螺壳。用鸭毛或棉花每小时蘸汁涂患处1次，一般5～8天即愈。

2. 治疗狐臭方

【原料】 大田螺1个，巴豆2粒。

【制法】 将巴豆放入大田螺内，用药棉蘸田螺渗出液搽腋下，每日3～4次，加麝香少许更好，用药期间可能有腥臭，无妨。

3. 治疗黄疸型肝炎方

【原料】 大蒜、田螺、车前子各等量。

【制法】 将药物共捣成糊状，敷肚脐上。

4. 治中耳炎、耳内生疮或肿痛方

【原料】 田螺内塞入冰片 0.5 克。

【制法】 取其分泌液滴入耳内。

5. 治疗小便频数方

【原料】 用田螺 500 克。

【制法】 田螺在水 1 000 克中浸一夜，渴即取此水饮用。每日换水及田螺 1 次(用田螺煮食饮汁亦可)。

6. 治疗噤口痢方

【原料】 大田螺 2 只，麝香 0.15 克。

【制法】 将田螺捣烂，加麝香混匀，做成饼状，烘热后敷肚脐处。

7. 治疗胃脘痛方

【原料】 大田螺壳 500 克。

【制法】 将田螺壳洗净，用谷壳火烧存性，研为细末，1 次 10～15 克，1 日 3 次，温开水冲服，连服 3～5 剂。

8. 治疗小便不通(腹胀如鼓)方

【原料】 用田螺 1 个，盐半汤匙。

【制法】 田螺生捣，敷脐下一寸三分，即通。

9. 治疗反胃呕噎方

【原料】 田螺若干洗净,藿香少许。

【制法】 田螺养水中,去泥,取出晒至半干,做成丸子,如梧子大。每服30丸,藿香煮汤送下(用田螺烂壳研服亦可)。

10. 治疗便秘、癃闭方

【原料】 独头蒜1个,车前子50克,田螺3只。

【制法】 将上药共捣烂,外敷肚脐处。

11. 治疗肝硬化方

【原料】 田螺30克。

【制法】 水煎服。

12. 治疗疔疮恶肿方

【原料】 田螺1个,冰片少许。

【制法】 田螺内塞入冰片,取汁水点疮上。

13. 治疗小儿头疮方

【原料】 田螺壳若干。

【制法】 田螺壳烧存性,调清油涂搽。

14. 治疗水肿方

【原料】 活田螺1只,冰片1克。

【制法】 将上药共捣烂,敷肚脐处。

15. 治疗高血压方

【原料】 田螺 250 克，冰糖 30～50 克。

【制法】 将田螺去壳，洗净，加冰糖蒸熟，1 日分 2～3 次，食田螺肉，连服 2～3 天。

16. 治疗急、慢性肾炎方

【原料】 大田螺 4 只，大蒜 5 瓣，车前子 10 克。

【制法】 将上药共捣烂，敷脐部。

17. 治疗小儿受惊方

【原料】 用多年的田螺壳适量，麝香少许。

【制法】 田螺壳烧灰，加麝香少许，水调匀，灌服。

18. 治疗黄疸方

【原料】 螺肉 100 克，加茵陈 12 克，臭草根、萆薢各 9 克。

【制法】 取经清水养过吐净泥污的田螺，用洗净的螺肉，加三味药炖汤服食，有清热化湿退黄之效。

19. 治疗痔肿方

【原料】 田螺 1～2 个，等量冰片。

【制法】 取洗净的田螺 1～2 个，入捻钵，加入冰片，用石锤捻成糊状，用消毒纱布包好，用热水洗净肛门，塞入药包可治疗痔消肿。

20. 治疗小儿湿疹方

【原料】 田螺壳 15 克,冰片粉 1.5 克。

【制法】 取洗净干燥的田螺壳,置坩埚内,煅至红透,取出,加冰片粉 1.5 克,共研成细末,搽撒患处,有去湿、清热、解毒之效。

21. 治疗酒精中毒方

【原料】 田螺、河蚌、大葱、豆豉各适量。

【制法】 先将田螺捣碎,河蚌取肉,再与大葱、豆豉共煎煮,取汁服用。

22. 治疗子宫脱垂方

【原料】 茄子秆适量,田螺 7 只,香油适量。

【制法】 先将田螺去壳,洗净,烘干研粉;茄子秆水煎取汁,浓缩成稠膏;再将田螺粉、茄子秆稠膏与香油一起调匀,敷于患处。

23. 治疗高热不退方

【原料】 田螺 10～20 只,井底泥适量。

【制法】 将田螺、井底泥共捣烂,敷心窝 1 小时,若高热未退,可换药再敷。

24. 治疗胃痛反酸方

【原料】 田螺壳若干,红糖水、黄酒适量。

【制法】 将洗净的田螺壳置瓦上，煅制后研成细末，每次3克，1日3次，以红糖水或少量黄酒送服，有理气和胃，化瘀止痛之功效。

25. 治疗风湿性关节炎方

【原料】 大田螺7个，韭菜根7根，茵陈30克，白酒少许。

【制法】 大田螺、韭菜根、茵陈，水煎取汁，加少许白酒同服，每日1剂，睡前服用，盖被发汗，对风湿性关节炎有很好的疗效。

26. 治疗肾炎水肿方

【原料】 田螺2～3个，冰片0.3～0.5克。

【制法】 田螺洗净，取肉及肠，加冰片，一起捣烂呈糊状，摊于塑料薄膜上，敷贴肚脐及脐下1.3寸处，用纱布扎紧，每日1换，一般1周左右即获显效。

27. 治疗外痔疼痛、肿胀方

【原料】 田螺1只，冰片1克。

【制法】 将田螺、冰片共捣烂，外涂患处，1日3次。

28. 治疗脱肛方

【原料】 田螺肉120克，猪肉120克。

【制法】 将田螺肉、猪肉共炖熟，食之。

29. 治疗耳疖、耳疮方

【原料】 活大田螺1只，冰片1克。

【制法】 将田螺盖揭开，放入冰片，取所化之药液滴患耳，1日3～4次。

30. 治疗中耳炎方

【原料】 活田螺2只，明矾粉0.5克。

【制法】 将明矾粉放入田螺内，收取分泌液滴患耳，一次2～3滴，1日3次，连用3～7日。

31. 治疗耳聋、耳疖方

【原料】 活大田螺1只，麝香1克。

【制法】 将田螺盖揭开，加入麝香，使田螺化成液体，装瓶密闭备用。一次取1～2滴，滴患耳，1日3次。

32. 治疗慢性鼻炎方

【原料】 活田螺10只，鲜石斛、荽汁各15毫升，冰片3克。

【制法】 将田螺盖打开，分别加入后两味药，取分泌液滴鼻内，1日3～4次。

33. 治疗妇人带下黄臭方

【原料】 车前子30克，大枣10个，田螺（连壳）1 000克。

【制作】

(1)先用清水静养田螺 1～2 天,经常换水以漂去污泥,斩去田螺壳尖,大枣(去核)洗净。

(2)用纱布另包车前子,与大枣、田螺一齐放入锅内,加清水适量,武火煮沸后,文火煲 2 小时,饮汤吃螺肉。

34. 治疗急性黄疸型肝炎同时患有肾病方

【原料】　枸杞子 20 克,田螺肉 100 克,小白菜 200 克,姜 5 克,葱 5 克,盐 5 克,素油 30 克。

【制作】

(1)枸杞子洗净,去杂质,田螺肉清水漂去泥,洗净,切片,小白菜洗净,切 5 厘米长的段,姜切片,葱切段。

(2)把炒锅置武火上烧热,加入素油,六成熟时,下入姜、葱,爆香,加入田螺炒匀,注入清水 500 毫升,用武火烧沸,加入盐、小白菜;用文火煮 6 分钟即成。每日 1 次,每次吃田螺肉 50 克,随意吃小白菜喝汤。

35. 治疗痔疮、脱肛、子宫脱垂、胃酸过多方

【原料】　田螺 700 克,食油 15 克,葡萄酒(或黄酒)40 克,盐、酱油、胡椒粉、葱、姜适量。

【制作】

(1)将洗净的田螺用剪刀把尖部剪去一点。

(2)炒锅上火,倒油烧热,下田螺翻炒,炒至田螺口上的盖子脱落时,加入酒、葱、姜同炒几下,下盐、酱油,再加适量水焖 10 分钟,撒胡椒粉翻匀出锅即成。每日服食 1～2 次。

36. 治疗泌尿系感染、前列腺炎、泌尿系结石方

【原料】 车前子 30 克,大枣 10 个,田螺(连壳)1000 克。

【制法】 先用清水静养田螺 1～2 天,经常换水以漂去污泥,斩去田螺壳尖;红枣(去核)洗净。用纱布另包车前子,与大枣、田螺一齐放入锅内,加清水适量,武火煮沸后,文火煲 2 小时,饮汤吃螺肉。

三、田螺的其他加工方法

田螺肉嫩、鲜美、营养丰富,除能直接食用外,还可加工成田螺罐头。田螺罐头形态较好,有浓郁的自然田螺的香味,组织嫩软,适合于广大消费者食用,供应国内市场,亦可出口创汇。我国产的田螺不论是活田螺或冻田螺都大量出口日本。

1. 红烧田螺罐头

(1)选料

①田螺:采用鲜活的带壳田螺,清洁无污物,无死田螺。取自非污染水域,大小每只横径在 2 厘米以上。

②生姜:新鲜饱满,组织脆嫩,含粗纤维少,不霉烂,香辣味强,不带杂臭味。

③洋葱:鳞茎肥大,组织脆嫩,新鲜,不抽薹,无霉烂。

④葱:组织脆嫩,新鲜,无霉烂。

⑤砂糖:洁白,干燥,不带杂质。

⑥盐:洁白,细腻,干燥,无异味。

(2)配方：田螺 50 千克，生姜 1.3 千克，洋葱 2.5 千克，葱 0.9 千克，砂糖 0.5 千克，精盐 6.0 千克，黄酒 2.1 千克，味精 0.4 千克，五香粉 0.2 千克，预煮汤 82 千克，红干辣椒 5 千克。

(3)工艺流程：原料→贮运→洗涤→浸泡吐沙→蒸煮→脱壳取用→挑选分级→初检→拌料浸渍→油炸→调味装罐→排气→封罐→杀菌、冷却→保温检验→包装出厂。

(4)制作方法

①饿养：新鲜田螺放于含 0.5%～1%食盐(加适量香油)的水内饿养 1～2 天。

②水煮：经饿养的田螺，用水冲洗掉污物及泥沙等杂质，于夹层锅内加热煮沸 2～3 分钟(以肉易于挑出为度)，逐个挑出田螺肉。

③去内脏：撕除内脏、脑、消化系统和生殖系统等部分，去除角质硬盖，防止损伤螺肉及外壳膜。

④洗涤：进一步洗去螺肉的泥沙与杂质。

⑤搓盐、碱：加入螺肉重的 5%～8%的粗盐，2%～3%的食用碱，搓洗 5～10 分钟，立即用水洗去黏液及杂质。

⑥预煮：加螺肉于夹层锅内，煮沸 2～3 分钟，及时冷透，应充分洗涤干净。

⑦生姜、洋葱切碎；香辛料、红干辣椒与水在锅内微沸约 15 分钟，去渣加入其他配料溶解过滤，最后加入酒和味精，总得量为 100 千克。

⑧装罐、加汤：装罐完毕后，加入汤液。

⑨封罐：真空密封。

⑩杀菌:118 ℃杀菌 15～70 分钟,冷却至 38 ℃。

(5)产品特点:色、香、味、形正常,质地较嫩,解决了螺肉较韧的缺点,适于消费者食用。

2. 田螺软罐头加工

(1)原料配方:新鲜田螺 50 千克,精盐 2.5 千克,菜油 4 千克,味精 450 克,鲜姜 5 千克,大蒜 1.5 千克,胡椒 250 克,辣椒粉 250 克,八角粉 30 克,桂皮 150 克,陈皮 150 克,料酒 1.8 千克。

(2)分级修整:适于加工的田螺为 3～6 克/个,按重量大小可分成 2～3 个等级。将分级后的鲜田螺放在盛有清水的缸内浸泡 6 小时左右,也可在水里放少许食盐和菜油,促使田螺快速吐沙,然后用去尾器除去其尾部并修平,去除程度以留 2 个螺纹为度。

(3)盐碱水渍:将修整后的田螺立即放入 2%食盐和 3%小苏打水中 15～30 分钟,液温保持在 10 ℃以下,使部分细菌脱水死亡和使田螺脱水脱脂。

(4)漂洗沥干:将田螺倒入漂洗槽中,漂洗 30 分钟左右。漂洗水温宜在 10 ℃以下,漂洗除去其中所含泥沙和外壳碎片,洗净后沥干备用。

(5)脱渍处理:将适量田螺(视炒锅大小定)和精盐,放在锅内爆炒 5～8 分钟,然后漂洗脱渍。

(6)油炸调味:将倍量于田螺肉的菜油(螺肉 1 份,菜油 2 份)放在锅内,待油冒白烟时,投入脱渍田螺,时间 2～3 分钟,至田螺肉为金黄色为止。然后趁热浸入调味液中约 1 分钟,取出。调味液配制方法是将配方中的生姜、桂皮、陈皮等加水煮沸1小时,过滤,加入除料酒以外的其他配料煮沸溶解,最后加料酒再过滤。

(7)包装杀菌:调制好的田螺,尽快用聚酯/铝箔/聚丙烯复合袋装袋,每袋100克,用真空封口机封口。装袋时不要污染袋口。除去破裂及封口不良袋,并擦干袋表水分。

向您推荐

花生高产栽培实用技术	18.00
梨园病虫害生态控制及生物防治	29.00
顾学玲是这样养牛的	19.80
顾学玲是这样养蛇的	18.00
桔梗栽培与加工利用技术	12.00
蚯蚓养殖技术与应用	13.00
图解樱桃良种良法	25.00
图解杏良种良法 果树科学种植大讲堂	22.00
图解梨良种良法	29.00
图解核桃良种良法	28.00
图解柑橘良种良法	28.00
河蟹这样养殖就赚钱	19.00
乌龟这样养殖就赚钱	19.00
龙虾这样养殖就赚钱	19.00
黄鳝这样养殖就赚钱	19.00
泥鳅高效养殖 100 例	20.00
福寿螺 田螺养殖	9.00
“猪沼果（菜粮）”生态农业模式及配套技术	16.00

肉牛高效养殖实用技术	28.00
肉用鸭 60 天出栏养殖法	19.00
肉用鹅 60 天出栏养殖法	19.00
肉用兔 90 天出栏养殖法	19.00
肉用山鸡的养殖与繁殖技术	26.00
商品蛇饲养与繁育技术	14.00
药食两用乌骨鸡养殖与繁育技术	19.00
地鳖虫高效益养殖实用技术	19.00
有机黄瓜高产栽培流程图说	16.00
有机辣椒高产栽培流程图说	16.00
有机茄子高产栽培流程图说	16.00
有机西红柿高产栽培流程图说	16.00
有机蔬菜标准化高产栽培	22.00
育肥猪 90 天出栏养殖法	23.00
现代养鹅疫病防治手册	22.00
现代养鸡疫病防治手册	22.00
现代养猪疫病防治手册	22.00
梨病虫害诊治原色图谱	19.00
桃李杏病虫害诊治原色图谱	15.00
葡萄病虫害诊治原色图谱	19.00
苹果病虫害诊治原色图谱	19.00
开心果栽培与加工利用技术	13.00
肉鸭网上旱养育肥技术	13.00
肉用仔鸡 45 天出栏养殖法	14.00
现代奶牛健康养殖技术	19.80